虚拟现实（VR）制作与应用

主　编　陈　黔　雷　抗
副主编　于　虹　何　萍　秦　鲜

科学出版社

北　京

内 容 简 介

本书采用任务驱动的形式，从初学者的角度出发组织学习内容，突出应用性和实践性，结合思政元素和虚拟现实基础知识将真实企业项目——模拟中国运载火箭发射的科普案例贯穿于整个学习过程，以帮助学生掌握虚拟现实技术的应用流程。

本书分为七个相互关联的项目，分别是认识 Unity、火箭发射场景——Unity 元素、发射场景环境——创建 3D 场景、火箭发射——音效和粒子系统、火箭分离——物理引擎元素、火箭控制——VR 动画制作、遨游太空——实战开发，且每个项目配有课后习题。此外，本书的每个项目还包括若干任务，每个任务设置了任务情境、任务目标、任务分析、知识准备、任务实施、任务总结和自我评价板块，以帮助学生在掌握基础知识的同时，提高应用能力和反思能力。

本书适合中等职业学校虚拟现实技术专业、计算机应用专业、数字媒体技术专业及其他相关专业教学使用。

图书在版编目（CIP）数据

虚拟现实（VR）制作与应用/陈黔，雷抗主编. —北京：科学出版社，2024.2
ISBN 978-7-03-074346-6

Ⅰ. ①虚… Ⅱ. ①陈… ②雷… Ⅲ. ①虚拟现实-基本知识 Ⅳ. ①TP391.98

中国版本图书馆 CIP 数据核字（2022）第 243033 号

责任编辑：韩　东 / 责任校对：马英菊
责任印制：吕春珉 / 封面设计：东方人华平面设计部

科 学 出 版 社 出版
北京东黄城根北街 16 号
邮政编码：100717
http://www.sciencep.com

三河市中晟雅豪印务有限公司印刷
科学出版社发行　　各地新华书店经销
*

2024 年 2 月第　一　版　　开本：787×1092　1/16
2024 年 2 月第一次印刷　　印张：11
字数：257 800

定价：39.00 元
（如有印装质量问题，我社负责调换〈中晟雅豪〉）
销售部电话 010-62136230　编辑部电话 010-62138978-8018

本书编委会

主　编　陈　黔　雷　抗

副主编　于　虹　何　萍　秦　鲜

参　编　蒋智忠　朱　丹　张建德
　　　　林翠云　周美锋　钟建敏
　　　　霍炜佳　谭　龙　江学业

前　言

　　虚拟现实（virtual reality，VR）是 20 世纪发展起来的一项实用技术，可通过计算机等设备生成一个逼真的虚拟环境给人以沉浸式的体验。随着社会和科技的不断发展，各行各业对 VR 技术也有了更多、更新的需求。为了满足这种需求、培养相关人才，本书编者以国家教材委员会印发的《习近平新时代中国特色社会主义思想进课程教材指南》为指导思想，编写了这本新型活页式、工作手册式"岗课赛证"融通教材。

　　在本书的编写过程中，坚持科技是第一生产力、人才是第一资源、创新是第一动力的思想理念。编者认真总结了自己多年的教学经验，在内容的组织上淡化理论、突出应用，从学生的认知规律出发，在内容安排上由浅入深、循序渐进，使教材具有极强的针对性和实用性。本书所用的虚拟现实制作软件为 Unity 2018.3.9。本书分为七个项目，每个项目又分为若干个任务。每个任务有独特的以"岗位标准+专业技能"为主体的知识结构和内容体系，通过任务情境、任务目标、任务分析、知识准备、任务实施、任务总结、自我评价等板块，为学生系统、全面地解析任务涉及的知识点，帮助学生进一步掌握并扩展基础知识。

　　本书具有以下特点。

1. 思政引导

　　教育、科技、人才是全面建设社会主义现代化国家的基础性、战略性支撑。本书的每个项目均通过巧妙融入国家科技发展、工匠精神等元素来开展思政教育，在任务过程中循序渐进地培养学生的专业技能和职业素养。

2. 内容新颖

　　本书以创设任务情境的方式构建教学实施的基本框架，将关键知识点和核心技能分解在情境式项目中。本书将纸质书籍与信息化资源进行一体化设计，将配套教学课件、微课视频等信息化资源与在线课堂教学平台进行有效衔接，拓展学生的学习空间。

3. 编排创新

　　本书以校企"双元"规划教材为基础，融合了"岗课赛证"的内容设计。本书内容以本地数字化企业项目原创的中国航天火箭发射项目案例为主线，采用新型活页式、工作手册式的模式开发，根据岗位任务工作要求，将案例分解成教学任务，使知识点与国

赛"虚拟现实（VR）制作与应用"赛项的内容对应，任务要求则参照"1+X"3D 引擎技术应用考核标准。

本书由陈黔、雷抗担任主编，于虹、何萍、秦鲜担任副主编，蒋智忠、朱丹、张建德、林翠云、周美锋、钟建敏、霍炜佳、谭龙、江学业参与编写。陈黔、雷抗负责教材内容结构设计，教材编写思政融入，作者队伍组织和编写过程研讨推进，并承担教材审阅和修改工作。本书具体编写分工如下：项目一（朱丹、陈黔）、项目二（周美锋、蒋智忠）、项目三（秦鲜、雷抗）、项目四（何萍、林翠云）、项目五（秦鲜、于虹）、项目六（秦鲜、张建德）、项目七（霍炜佳、钟建敏），谭龙、江学业承担教材案例设计和配套素材整理。

为了方便教师教学和学生学习，本书还配有项目素材、电子教案等资源，有需要的师生可以通过扫描每个项目提供的二维码来学习。

由于编者水平有限，书中难免存在不足之处，敬请读者批评指正。

目　　录

项目一 认识 Unity

学习目标

1）熟悉 Unity 的下载途径。
2）掌握 Unity 的安装及激活方法。
3）掌握 Unity 的登录操作方法。
4）了解 Unity 的资源来源。

项目导入

中国航天事业是中国的一道亮丽风景，最能体现中华民族的独特禀赋与基因、鲜明品性与精神。每个中国人都有一个"航天梦"，梦想成为航天员乘坐着神舟飞船遨游太空。但是，想要成为航天员是非常困难的，不仅要具备健康的体格、良好的心理素质，强大的抗压能力，同时还应具备渊博的知识、高超的技能等。利用虚拟现实技术搭建的虚拟场景，不用成为航天员也可以沉浸式地体验火箭发射、驾驶飞船的过程，满足普通人的"航天梦"。

项目分析

作为专业跨平台游戏开发及虚拟现实引擎，用户可以借助 Unity 完成简单的游戏场景创建、互动和发布等工作，创作出仿真程度比较高的虚拟场景，如图 1-1 所示。本项目就是要学习 Unity 游戏开发引擎的基础知识。

图 1-1 Unity 仿真游戏场景

本项目主要介绍 Unity 在 Windows 平台的下载、安装与激活、登录、资源来源等基本内容，帮助学生在 Windows 平台中安装并激活使用 Unity 的环境。本项目的知识结构如图 1-2 所示。

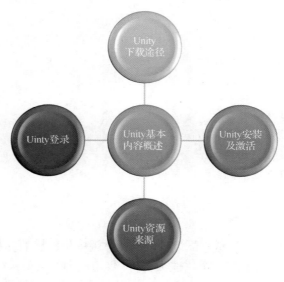

图 1-2　项目一知识结构

任务一　下载与安装 Unity

※任务情境

我们将制作一个以航天为主题的虚拟现实应用程序，利用 VR 技术圆大家的"航天梦"。要完成这项任务，需要一款虚拟现实开发软件。

※任务目标

本任务主要学习获取 Unity 安装包的途径，以及如何安装和激活 Unity 个人版本。

※任务分析

Unity 发布了针对 Windows 和 Max OS X 两个主流平台的两种类型安装包，经小组讨论即将安装 Unity 软件的计算机的平台，确定本任务需要的版本为 Unity 2018.3.9f1（64-bit）。确定版本后，通过登录 Unity 官方网站下载安装包，并安装与之相对应的编辑

器。软件安装好后进行激活。

❊知识准备

1）Unity 是一个由 Unity Technologies 开发的，可以轻松实现创建诸如三维视频、建筑可视化、实时三维动画等类型互动内容的多平台、综合型游戏的游戏开发引擎。

2）Unity 目前已经在移动游戏开发领域扮演着不可或缺的角色，它在从诞生（2004年）到现在（2022年）的短短十几年时间里取得了骄人的成绩。Unity 的全球用户注册量超过了 1000 万，目前市场上的 3D 手机游戏超过半数是用 Unity 引擎开发制作的。

3）Unity 现在之所以那么火热，与其完善的技术和丰富的个性化功能有关。Unity 开发引擎易于上手，对游戏开发人员的要求比其他的开发引擎低，无论是在综合编辑、图形引擎、着色器、地形编辑器、物理特效方面，还是在音频和视频等方面，都有着鲜明的特点。

❊任务实施

1. 下载

1）Unity 的下载非常方便，在浏览器中输入 https://unity.cn/releases 进入 Unity 官网，可以看到关于所有版本下载的链接，下载界面如图 1-3 所示。

图 1-3　Unity 官网下载界面

2）在 Unity 的所有版本中可以看到 Unity 2021.x、Unity 2020.x、Unity 2019.x、Unity 2018.x、Unity 2017.x、Unity 5.x、Unity 4.x、Unity 3.x 等一系列不同版本的相关链接，用户可以根据需要选择相应的版本。本书选择 Unity 2018.3.9 进行下载并安装，如图 1-4 所示。

图 1-4　Unity 版本下载选择

3）登录 Unity ID 官网。这里选择使用已注册的微信登录，如图 1-5 所示。

图 1-5　Unity ID 登录界面

此时，屏幕会同时弹出相对应的保存.exe 文件的界面，如图 1-6 所示。

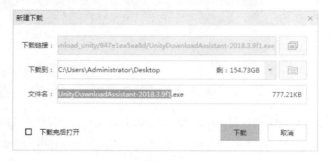

图 1-6　Unity 文件下载界面

2．安装

1）安装过程按照相关的操作提示进行即可（图 1-7～图 1-10）。特别提示：因刚才下载的只是一个 Unity 安装的基本链接文件，整个安装过程需要网络的支持，所以在整个安装过程中需要随时进行联网操作，以便获取其离线文件进行安装。

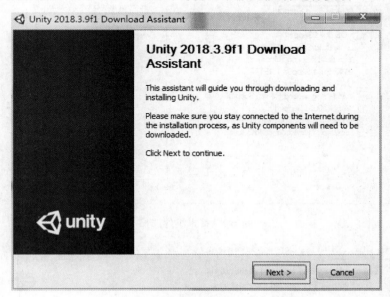

图 1-7　Unity 2018.3.9f1 安装过程初始界面

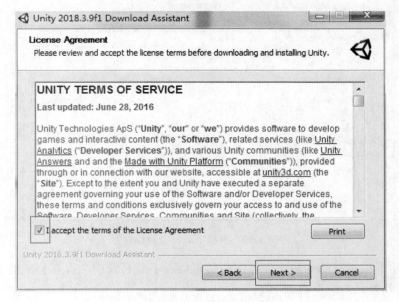

图 1-8　接受相关安装协议界面

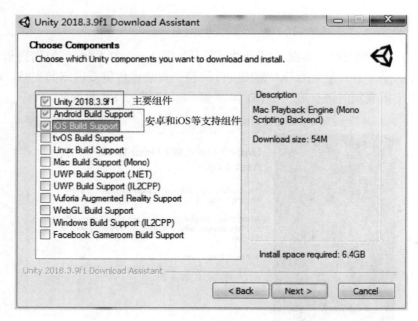

图 1-9　基本组件选择

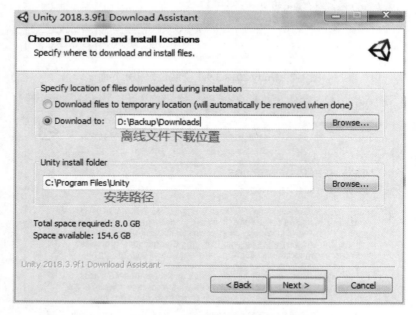

图 1-10　离线下载与安装设置

　　2）开始下载相应的安装文件。下载结束后，下载目录中会存有相应的文件内容，离线文件下载界面如图 1-11 所示。

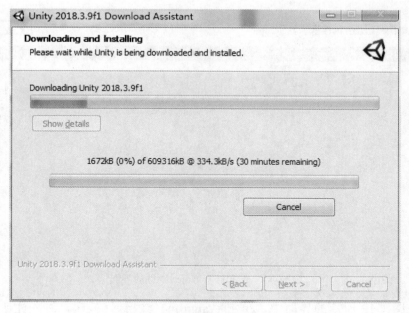

图 1-11　离线文件下载界面

3）下载完成后，自动启动安装程序。安装完成后，桌面生成 Unity 2018.3.9f1(64-bit)
的快捷方式，说明安装成功，如图 1-12 所示。

图 1-12　Unity 2018.3.9f1(64-bit)桌面快捷方式

3. Unity 的激活

1）首次运行 Unity，需要登录 Unity 账号并对已安装好的 Unity 软件进行激活。首
次打开 Unity 软件的界面如图 1-13 所示。

图 1-13　首次打开 Unity 软件的界面

2）在图 1-13 所示的界面中，单击"Sign in（注册）"按钮，进入注册界面，如图 1-14 所示。首次使用 Unity，需要创建一个 Unity 账号，可以用手机号码、邮箱和微信等方式注册、登录 Unity 账号。在图 1-14 界面中，单击右上角的图标，可以切换到其他的注册方式页面。例如，图 1-15 是 Unity 的电话号码注册界面，图 1-16 是 Unity 的邮箱注册界面。

图 1-14　Unity 注册界面

图 1-15　Unity 的电话号码注册界面

图 1-16　Unity 的邮箱注册界面

　　3）在图 1-16 所示界面中单击下方的微信图标，可以进入 Unity 微信注册界面，如图 1-17 所示。

图 1-17　Unity 的微信注册界面

　　无论使用哪一种方式注册，都需要绑定一个电子邮箱。本书主要介绍使用微信注册方式。在图 1-17 所示的界面中，使用手机微信"扫一扫"功能，扫描后出现如图 1-18 所示界面，在手机弹出的界面中单击"允许"按钮，如图 1-19 所示。

扫描成功

在微信中轻触允许即可登录

图 1-18　微信扫描成功后的界面

图 1-19　Unity 的微信"扫一扫"注册申请界面

4）手机微信允许后弹出绑定邮箱账号界面，如图 1-20 所示，在文本框中输入需要绑定的邮箱号码后单击"Send"（发送）按钮，弹出如图 1-21 所示的同意条款（Please agree with the terms）界面，单击"Continue"（继续）按钮，界面跳转到如图 1-22 所示的界面，提示用户登录刚才所填写的电子邮箱去查看 Unity 发来的确认邮件，并通过单击邮件中的链接完成注册过程。如果没有收到确认邮件，可以回到图 1-22 所示的界面中单击链接"Re-send confirmation email"（重发确认邮件）。

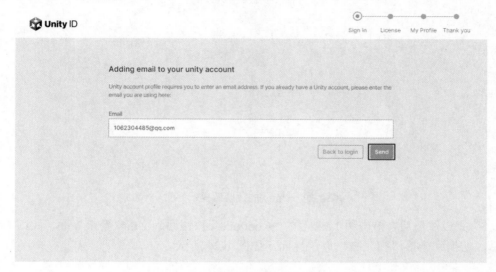

图 1-20　绑定邮箱账号

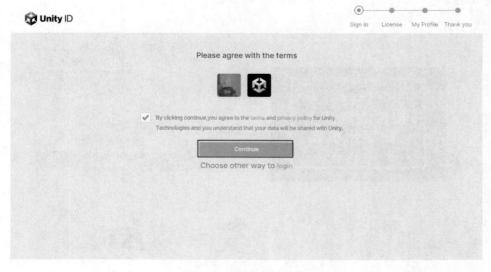

图 1-21　同意条款界面

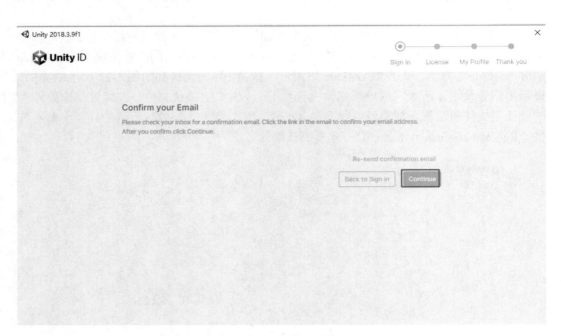

图 1-22　Unity 的注册后提示界面

5）完成注册后，单击图 1-22 中的"Continue"按钮回到 Unity 登录界面，如图 1-23 所示。切换到微信"扫一扫"登录界面，如图 1-24 所示。

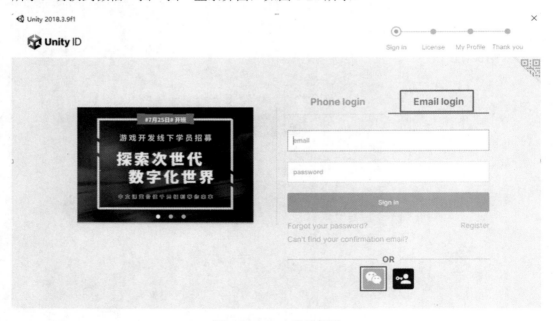

图 1-23　Unity 登录界面

图 1-24 Unity 微信"扫一扫"登录界面

6）微信扫码成功后，通过手机的允许操作后，进入激活界面，选择右侧的"Unity Personal"（个人版）选项，确认将 Unity 激活为免费的个人版，然后单击"Next"（下一步）按钮，如图 1-25 所示。Unity 会弹出人个版使用账户登录选择信息确认界面，如图 1-26 所示。

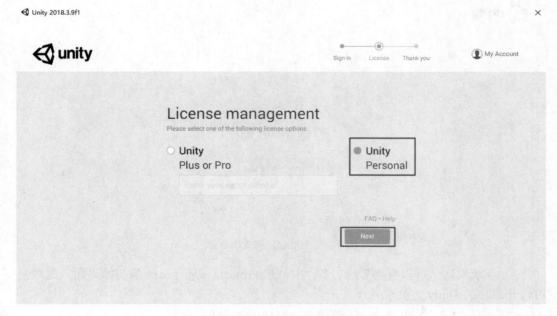

图 1-25 选择 Unity Personal 版本

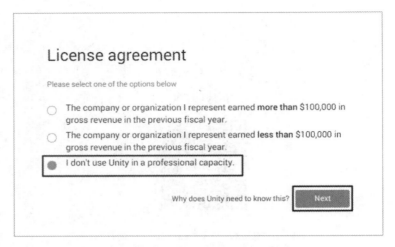

图 1-26　Unity 个人账户登录选择信息

完成激活后的登录成功提示界面如图 1-27 所示。

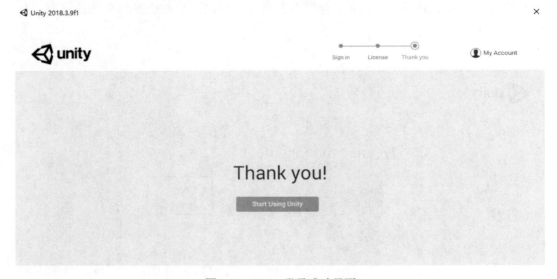

图 1-27　Unity 登录成功界面

7）登录成功后可以看到 Unity 平台中创建 Projects 或者 Learn 的初始界面，此时便可以开启你的 Unity 之旅。

▓任务总结

本任务主要学习了 Unity 可以做什么、通过什么途径下载，以及如何安装，通过学习，学生可以了解什么是 Unity 游戏开发引擎。

❋ 自我评价

请同学们将表 1-1 的内容补充完整，并讨论交流学习过程。

表 1-1　自我评价表

知识与技能点	你的理解	掌握程度
Unity 安装包的获取途径		
Unity 安装包的下载与安装		
Unity 的激活		

任务二　Unity 资源及其获取途径

❋ 任务情境

火箭发射、遨游太空都是比较复杂的场景，需要各种各样的模型、音频、图片等素材资源，这些资源我们要怎么获取呢？

❋ 任务目标

一个 Unity 项目是离不开各种资源的，本任务就是要学习 Unity 资源及其获取途径。

❋ 任务分析

Unity 资源既可以从 Unity 的 Asset Store（资源商店）中获取，也可以从 Unity 软件之外的软件获取。从 Unity 的 Asset Store 中获取资源时，可以在 Unity 编辑器界面选择功能菜单中的"Window"（窗口）项，再选择菜单项 Asset Store 或 Ctrl+9 组合键，即可打开 Asset Store 窗口搜索相应资源。Unity 软件之外的资源，可以利用对应的软件生成后导入 Unity 环境中。

❋ 知识准备

Unity 资源是指可以运用在游戏或者虚拟现实项目中的一切文件，它们既可以是用 Unity 之外的软件创建的任何 Unity 支持的文件类型，如 3D 模型、音频、视频、图片等，也可以是在 Unity 中创建的特有文件，如场景、程序脚本、预制体、动画控制器等。

❋ 任务实施

1）在 Unity 编辑器界面中，从功能菜单中选择"Window→Asset Store"选项，或者按 Ctrl+9 组合键，如图 1-28 所示，即可打开 Asset Store 窗口搜索相应的资源。

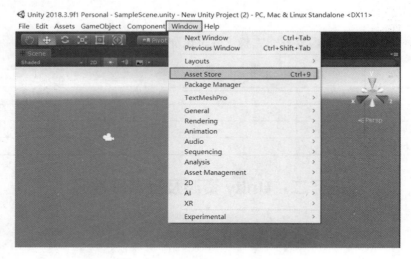

图 1-28　Unity 的 Asset Store 窗口

　　2）在打开的 Asset Store 窗口中输入需要的资源，本任务以"rocket"（火箭）为例。Asset Store 中的资源包含 3D、2D、Audio、Templates、Tools、VFX 六个分类，每个分类下面又包含若干个子分类，如图 1-29 所示。单击右侧的"All Categories"（所有资源）菜单，可以在下拉菜单中选择要搜索的资源类别。由于"火箭"属于 3D 模型，因此在 All Categories 列表中选择"3D"选项，然后在搜索框中输入单词"rocket"并按 Enter 键，稍等片刻窗口中会显示搜索的结果，如图 1-30 所示。

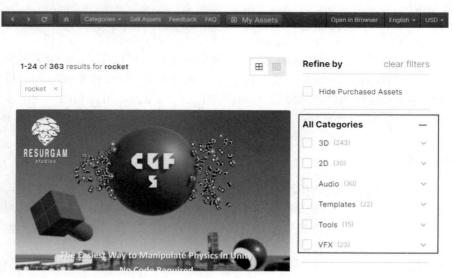

图 1-29　Asset Store 资源分类

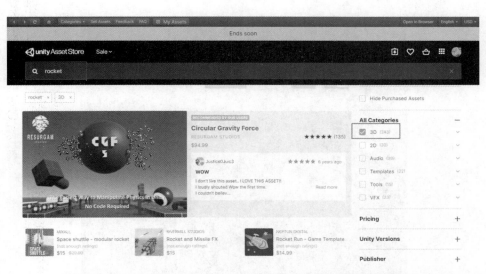

图 1-30　Unity 的 Asset Store 中根据分类和关键字搜索资源的结果

3）在搜索结果中找到需要的资源（本例使用免费的资源），进入需要的资源主页后，上面有该资源的相应介绍，单击页面上的"Download"（下载）按钮，即可开始下载资源包，如图 1-31 所示。

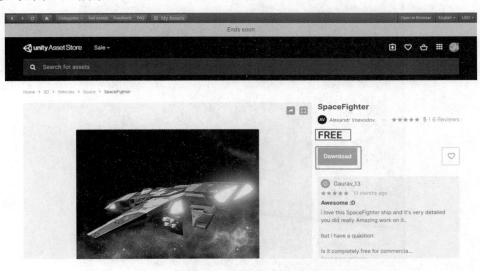

图 1-31　下载免费资源包

4）资源包下载成功后，界面出现"Import"（导入）按钮，单击该按钮，弹出"Import Unity Package"（载入 Unity 资源包）窗口，在该窗口中选择需要导入的文件（默认情况下资源包中的所有文件都被选中），单击"Import"按钮将已选中的资源包导入当前的项目中。具体过程如图 1-32 所示。

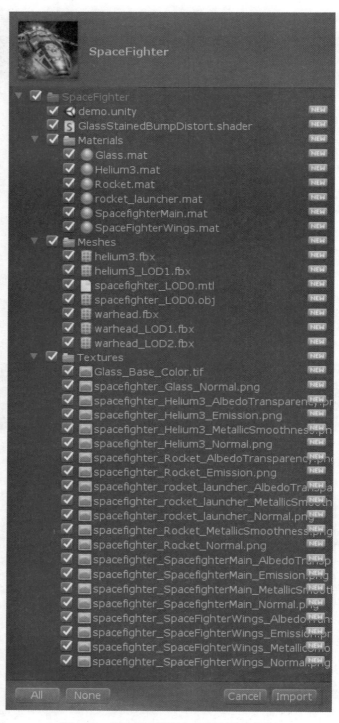

图 1-32　从资源主页导入已经下载的资源

5）导入 Unity 资源包文件。有时候也需要从其他途径获得 Unity 的资源包文件，如本书附带的火箭素材中就有很多扩展名为".unitypackage"的文件，如图 1-33 所示。

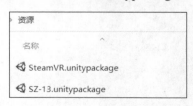

图 1-33　Unity 资源包文件

在已经打开 Unity 项目文件的情况下，可以直接在 Windows 系统中将需要的 Unity 资源包文件通过鼠标左键拖动到"Project"（项目）视图的"Assets"（资源）文件夹下，如图 1-34 所示，弹出导入资源的窗口，单击"Import"按钮即可导入资源。

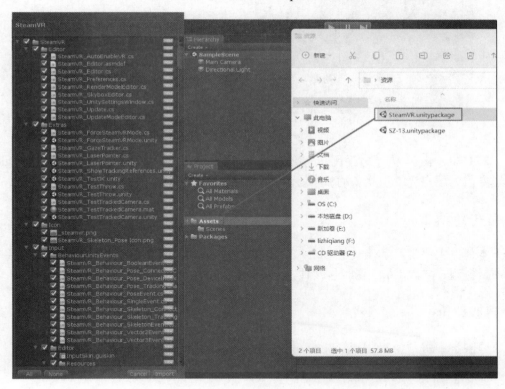

图 1-34　资源导入

6）导入自己创作的 3D 模型。3D 模型是 Unity 项目中最常用的项目资源，可以通过 3ds Max、Maya 等建模软件创建。在建模软件中，可将模型导出为"FBX"文件后导入到 Unity 中。通过这个途径可以将自己设计的模型应用到 Unity 项目中。具体操作如图 1-35 所示。

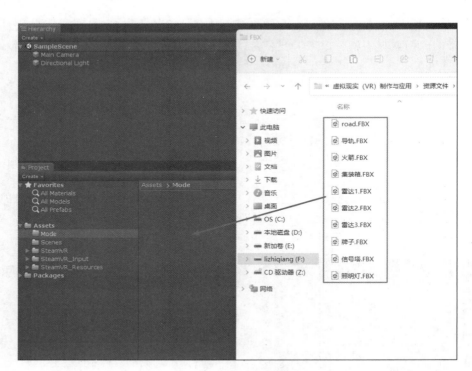

图 1-35　导入 3D 模型

7）Unity 服务。为了方便用户掌握 Unity 软件的使用方法和技巧，Unity Technologies 公司专门为用户提供了完备的教学资源，如论坛、用户手册、资源商店等。

任务总结

本任务主要学习了什么是 Unity 资源，以及如何利用 Unity 的 Asset Store 下载需要的项目资源、导入 Unity 资源包文件、把自己制作的 3D 模型导入 Unity。

自我评价

请同学们将表 1-2 的内容补充完整，并讨论交流学习过程。

表 1-2　自我评价表

知识与技能点	你的理解	掌握程度
什么是 Unity 资源		
Asset Store 的打开方式		
Unity 资源包的导入方法		

课 后 习 题

一、选择题

1. 关于 Unity 的激活，以下说法错误的是（　　）。

　　A．需要注册一个 Unity 账号用于激活

　　B．可以使用破解补丁进行破解

　　C．以非营利目的使用 Unity 时，可以选择个人版本

　　D．Unity 个人版本是免费使用的

2. Unity 引擎是（　　）公司开发的工具。

　　A．Microsoft　　　　　　　　　　B．Unity Technologies

　　C．EPIC Games　　　　　　　　　D．QianFeng

3. 获取 Unity 开发方面学习资源的渠道有（　　）。

　　A．论坛　　　　　B．用户手册　　　C．资源商店　　　D．前三项都是

4. 以下（　　）是利用 Unity 引擎开发的作品。

　　A．《王者荣耀》　　　　　　　　　B．《神庙逃亡 2》

　　C．《炉石传说：魔兽英雄传》　　　D．前三项都是

二、思考题

1. 什么是 Unity？

2. Unity 能做什么？

三、实战题

自己动手下载并安装 Unity。

项目二　火箭发射场景——Unity 元素

❖学习目标

1）了解 Unity 主界面的组成。
2）熟悉 Unity 中各视图的作用。
3）熟悉 Unity 资源的导入与导出过程。
4）掌握 Unity 编辑器中工具栏的主要作用。
5）掌握 Unity 天空盒的制作方法。

❖项目导入

　　航天技术是国家参与世界竞争的"国之利器"，只有掌握核心技术、拥有自主知识产权，才能真正将国家的发展与安全牢牢掌握在自己手中。我国从 1970 年第一颗人造地球卫星——东方红一号飞向太空，到长征运载火箭和神舟飞船，再到天宫空间站，一步步迈向航天强国。50 多年来，自力更生、勇攀高峰的航天精神代代相传、生生不息，激励着一代又一代中国人。本书通过模拟制作中国运载火箭发射、航天飞船遨游太空的完整科普游戏程序，让学生与中国火箭零距离接触，掌握使用 Unity 软件制作游戏项目的流程和方法，包括项目的创建、资源导入、场景制作、交互设置和特效播放等。在本项目中，学生将学习如何创建一个项目，如何加载项目资源，如何创建三维模型并设置光影及天空效果。

❖项目分析

　　在本项目中，学生将学习如何创建游戏项目，如何为项目导入已制作好的三维模型，如何建立基本的游戏场景，以及如何设置光源效果和天空效果。项目的具体实施流程如图 2-1 所示。

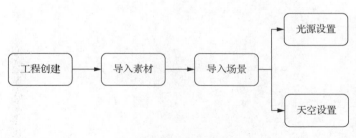

图 2-1　项目二实施流程

任务一　创建场景元素

※ 任务情境

获取了项目开发的所需资源后，我们首先要为即将发射的火箭搭建基地——火箭发射场。

创建场景元素

※ 任务目标

任何一个游戏或者程序项目都是由各种不同的场景元素构成的，本项目的任务是模拟火箭发射场，根据项目需求分析，本任务是创建一个 Unity 项目，将准备好的资源导入其中，并使用导入的 FBX 模型制作一个火箭发射场场景。

※ 任务分析

经过沟通研讨，项目小组决定先新建一个项目工程，再将已做好的三维模型导入 Unity 项目中，将火箭发射的整个场景框架搭建起来。

※ 知识准备

Unity 编辑器界面是 Unity 操作的主要场景，因此认识 Unity 编辑器界面是学习 Unity 的首要任务。Unity 是以工程的方式呈现任务的，每个工程就是一个项目文件夹。本任务通过从导航界面开始创建一个新的工程来帮助学生认识和了解编辑器界面中的内容，可以通过导航窗口中的单击"Open"（打开）按钮打开已经创建的项目，或者通过单击 "New"（新建）按钮新建一个工程项目文件，如图 2-2 所示。

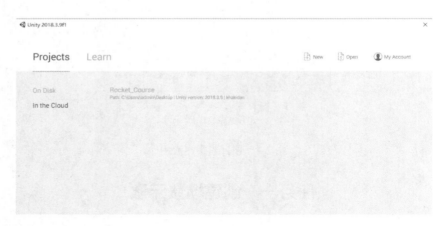

图 2-2　导航界面

在 Unity 编辑器的主界面中，每个项目都有一个默认的"Scene"（场景），其中自动加载了天空盒、主摄像机和一组平行光。编辑器主界面由菜单栏、工具栏、项目文件及不同的窗口组成，如图 2-3 所示。

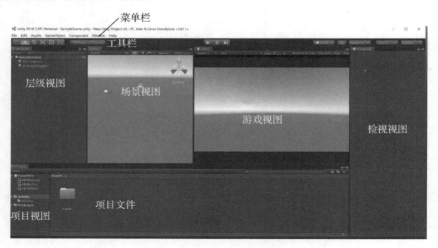

图 2-3　Unity 编辑器主界面

编辑器主界面的不同窗口，称为视图，每个视图都有固定的作用，具体如下：

1）Hierarchy（层级）视图：用来显示当前场景中所有对象及对象之间的层级关系。

2）Scene（场景）视图：用来显示当前场景的布局，是构造游戏场景的主要区域。

3）Game（游戏）视图：游戏渲染后的最终效果视图，即游戏发布后所看到的真实场景效果。

4）Inspector（检视）视图：用来显示当前场景中所选择对象的主要属性与信息。

5）Project（项目）视图：用来显示游戏工程的所有已有资源和可供选择的资源，

如材质、音频、视频、脚本、外部建模模型等。

※任务实施

1. 创建一个项目

1）打开 Unity Hub，在弹出窗口中单击右上方的"新建"按钮创建一个新的项目，如图 2-4 所示。

图 2-4　Unity Hub 导航窗口

2）在"创建新项目"界面的相应位置输入项目名称、模板（3D 或 2D）、位置等信息，如图 2-5 所示。最后，单击"创建"按钮完成 Unity 项目工程的创建。

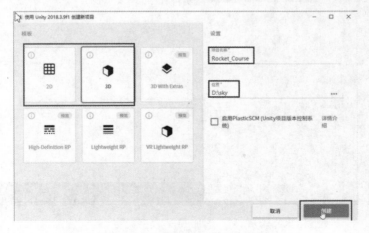

图 2-5　使用 Unity 创建新项目

注意：项目名称及项目保存位置内均不要出现中文，以免调试的时候出现错误。

2. 导入素材

将火箭发射项目所需的模型及场景素材导入 Project 中。在 Assets 中创建"model"文件夹，在"model"文件夹中再创建"texture"文件夹，将本书配套素材"maps"文件夹中的全部图片拖拽至"texture"文件夹中，如图 2-6 所示。返回上级文件夹"model"，将本书配套素材"FBX"中的所有 FBX 模型拖拽至"model"文件夹中，如图 2-7 所示。

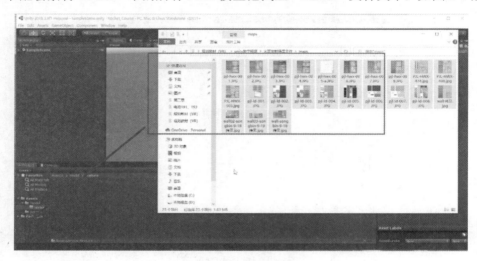

图 2-6　添加配套素材图片

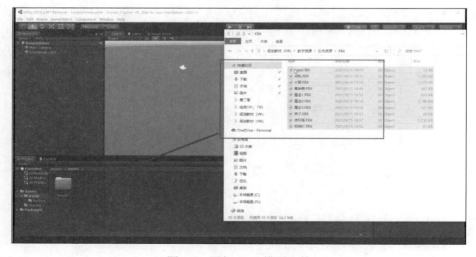

图 2-7　添加 FBX 模型文件

选择"Model"文件夹中的全部 FBX 文件，选择 Inspector 视图中的"Materials"选项卡，设置 Location 属性，选择 "Use External Materials (Legacy)" 选项，单击 "Apply" 按钮，使模型加载图形材质，如图 2-8 所示。

图 2-8 模型纹理设置

3. 布置场景

将 "model" 文件夹中 FBX 文件拖拽至 Hierarchy 视图中，在 Scene 中生成火箭发射场场景，如图 2-9 所示。

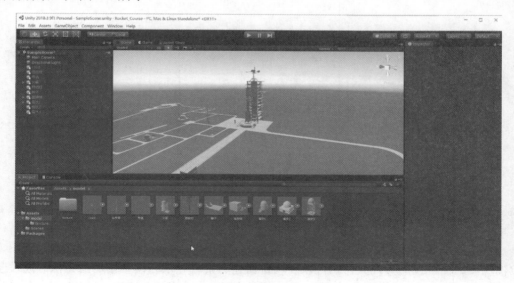

图 2-9 场景生成

4. 主摄像机调整

选择 Hierarchy 视图中的"Main Camera"（主摄像机）选项，使用工具栏的移动及旋转工具，调整"Main Camera"的位置与角度，在 Game 窗口中可查看整个场景，如图 2-10 所示。

图 2-10　主摄像机调整

5. 项目保存

需要保存两部分的内容：一是保存项目，二是保存场景（不同的场景需要保存不同的场景文件）。具体操作：在菜单栏中选择"File→Save"和"File→Save Project"命令对新的场景和项目分别进行保存，如图 2-11 所示。

图 2-11　项目保存

※任务总结

本任务主要学习了 Unity 的主要组成部分，包括层级视图、场景视图、游戏视图、检视视图、项目视图等几大窗口，以及项目新建、素材导入和模型使用的方法。通过学习本任务，学生应该知道 Unity 是一款功能强大的集成开发编辑器和引擎，它提供了创新和发布一款游戏所必需的工具；Unity 所有的功能都有不同的带有标签的窗口视图，每个视图都提供了不同的编辑和操作功能，为后面的具体操作打下了基础。

◈ 自我评价

请同学们将表 2-1 的内容补充完整，并讨论交流学习过程。

表 2-1　自我评价表

知识与技能点	你的理解	掌握程度
Unity 导航界面		
Unity 编辑器界面		
Unity 资源导入		

任务二　设计场景光源

◈ 任务情境

火箭发射场搭建好了，但是展示效果看上去灰蒙蒙的，这是因为没有光，我们需要给场景加上光照效果让它更真实。

设计场景光源

◈ 任务目标

场景中添加光源可以很好地模拟实际环境中的各种光效果。本任务是为任务一所完成的"Rocket_Course"项目调试场景光照，使火箭发射场场景的视觉效果接近真实场景。

◈ 任务分析

经过沟通研讨，项目小组确定通过调整太阳光光照角度和地面阴影来实现场景光照设施的逼真效果。

◈ 知识准备

Unity 游戏开发引擎中内置了四种形式的光源：点光源、定向光源、聚光灯光源和区域光源。单击菜单栏中的"GameObject→Light"可以查看到这四种不同形式的光源，再次单击即可添加。

1. 点光源

点光源（Point Light）是一个可以向四周发射光线的点，类似于现实世界中的灯泡。

点光源的添加可以通过选择菜单栏中"GameObject→Light→Point Light"选项完成，添加完成后的效果如图 2-12 所示。点光源可以移动，场景中由细线围成的球体就是点光源的作用范围，光照强度从中心向外递减，球面处的光照强度基本为 0。

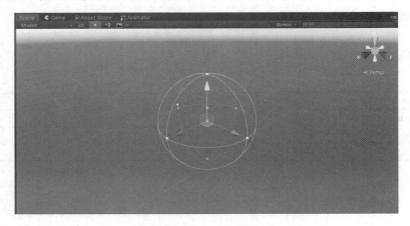

图 2-12　点光源

选中场景中的点光源，在其 Inspector 视图中就会出现点光源的设置面板，如图 2-13 所示。在设置面板中可以修改点光源的位置（Position）及光照范围（Range）、光照强度（Intensity）等参数。

图 2-13　点光源设置面板

2. 定向光源

定向光源（Directional Light）能够更好地模拟太阳光。定向光源发出的光线是平行的，并从无限远处投射光线到场景中，很适合户外场景的照明。

定向光源的添加可以通过选择菜单栏中"GameObject→Light→Directional Light"选项完成，添加完成后的效果如图 2-14 所示。定向光源在场景中的位置如果发生改变，其光照效果并不会发生任何变化，可以将其放置在场景中任意位置；如果旋转定向光源，那么它产生的光线照射方向会随之发生变化。

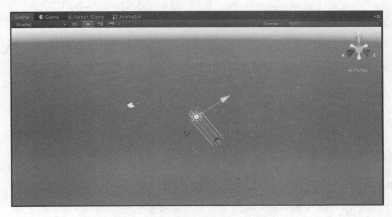

图 2-14　添加定向光源的效果

选中场景中的定向光源，在其 Inspector 视图中就会出现定向光源设置面板，如图 2-15 所示。在设置面板中可以修改定向光源的位置、光照强度、光的颜色（Color）等参数。

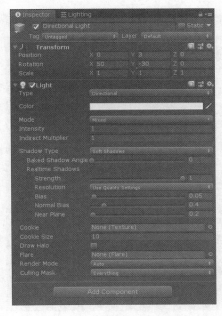

图 2-15　定向光源设置面板

3．聚光灯光源

聚光灯光源（Spot Light）的照明范围为一个锥体，类似于聚光灯发射出来的光线，它并不会像点光源一样向四周发射光线。

聚光灯光源的添加可以通过选择菜单栏中"GameObject→Light→Spot Light"选项完成，添加完成后的效果如图 2-16 所示。聚光灯光源可以移动，场景中由细线围成的锥体就是聚光灯光源的作用范围，光照强度从锥体顶部向下递减，锥体底部的光照强度基本为 0。

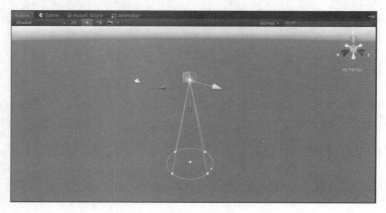

图 2-16　添加聚光灯光源的效果

选中场景中的聚光灯光源，在其 Inspector 视图中就会出现聚光灯光源的设置面板，如图 2-17 所示。在设置面板中可以修改聚光灯光源的位置、光照强度、光的颜色等参数。

图 2-17　聚光灯光源设置面板

4. 区域光光源

区域光光源（Area Light）是创建一片能够发光的矩形区域，只有在光照烘焙完成后才能看到效果。区域光光源的添加可以通过选择菜单栏中"GameObject→Light→Area Light"选项完成，添加完成后的效果如图 2-18 所示。

图 2-18　添加区域光光源的效果

区域光光源比较特殊，一般用来模拟灯管的照明效果。图 2-18 中由细线围成的矩形区域就是发光区域，可以通过拖拽上面的节点来改变区域光光源发光区域的大小。在 Inspector 视图中，可以通过修改 Width（宽度）和 Height（高度）参数来修改区域光光源的发光区域大小，如图 2-19 所示。区域光光源除无法实现 Cookie 效果，其余可设置参数项与其他光源相同。

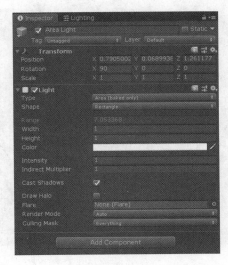

图 2-19　区域光光源设置面板

表 2-2 介绍了 Light 组件的常用属性。

表 2-2　Light 组件的常用属性

属性名称	作用
Type	光源类型，可选项有 Point Light、Directional Light、Spot Light、Area Light
Color	光的颜色
Intensity	光的强度
Shadow Type	阴影类型，可选项有 No Shadows（不产生阴影）、Hard Shadows（硬边缘的阴影，类似于真空中产生的阴影）、Soft Shadows（软边缘的阴影，最接近真实的阴影）

❖ 任务实施

1. 设置定向光源

选择 Hierarchy→Sample Scene（示例场景）→Directional Light 选项，在 Inspector 视图中的 Light 组件中设置 color、Intensity 和 Shadow Type，如图 2-20 所示。同时使用工具栏旋转工具调整光照角度，如图 2-21 所示。

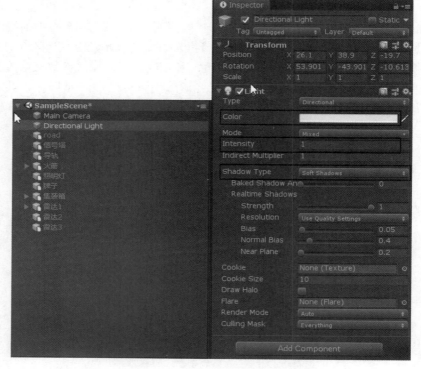

图 2-20　Directional Light 参数设置

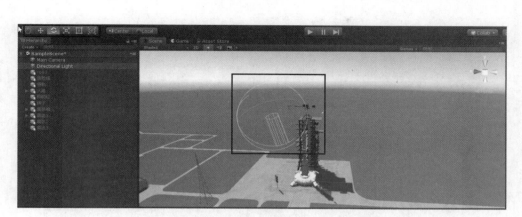

图 2-21　Directional Light 角度调整

2.　阴影距离设置

1）单击"Edit"下拉菜单，选择"Project Settings"选项，打开项目设置菜单，如图 2-22 所示。

图 2-22　打开项目设置菜单

2）在项目设置菜单中选择"Quality→Shadow Distance"选项。观察 Game 窗口中发射塔阴影效果，调整该项目数值，使三维对象在场景中的影子效果符合真实场景，如图 2-23 所示。

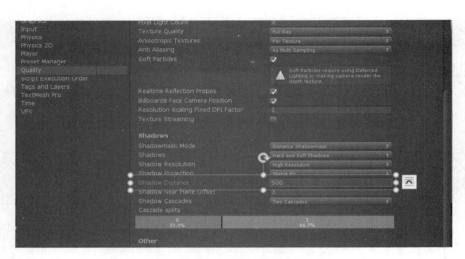

图 2-23　调整阴影效果

任务总结

在本任务中，我们学习了 Unity 中光源的分类、作用，每个光源的特点，也学习了光线设置、阴影设置的方法，为接下来设置场景中的光源效果打下了基础。在 Unity 的学习过程中，最关键的是对光源特性的理解，只有理解了光源的特性，才能开发出真实感更强的游戏场景。

自我评价

请同学们将表 2-3 的内容补充完整，并讨论交流学习过程。

表 2-3　自我评价表

知识与技能点	你的理解	掌握程度
光源的种类		
光源的设置		
Lighting 面板设置		

任务三　设计场景中的天空

任务情境

现在场景中，天空的位置是空白的，看不到一丝云彩，我们要为

设计场景中的天空

场景制作一片美丽的天空。

❖ 任务目标

　　天空盒在 Unity 的场景中具有至关重要的作用，它可以渲染场景，使场景呈现更加逼真的效果。在某些场景中，天空盒还可以提高游戏的视觉效果和仿真度。本任务是在任务二完成的 Rocket_Course 项目基础上添加真实天空效果，使火箭发射场景的环境效果接近真实世界。

❖ 任务分析

　　经过沟通研讨，项目小组确认通过使用天空盒为火箭发射场场景增加真实天空效果。

❖ 知识准备

　　1. 材质基础知识

　　材质（Materials）用来把网格（Mesh）或粒子渲染器（Particle Renderers）贴到游戏对象上，包含对 Shader（着色器）对象的引用。如果 Shader 对象定义材质属性，那么材质还可以包含数据（如颜色或纹理参考等）。Unity 提供了三种材质：Material（普通材质）、Physic Material（物理材质）、Physics Material 2D（2D 物理材质）。

　　2. 材质的创建方法

　　1）在 Preject 视图下的 Assets 中创建一种材质，步骤如图 2-24 所示。

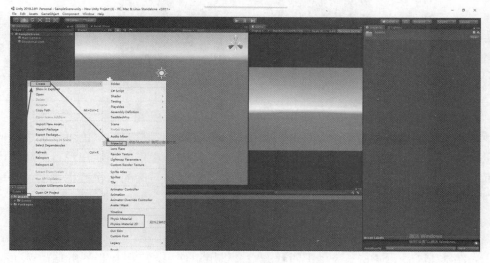

图 2-24　创建材质

2）材质的属性取决于选定的着色器，在着色器的下拉列表中选择不同的着色器，材质就会有不同的属性，着色器列表如图 2-25 所示。

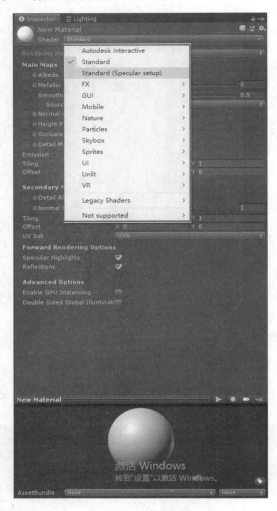

图 2-25　着色器列表

材质常用的属性有 Shader、Color 和 Textures（纹理）。材质的颜色可以使用任何一种色调，但默认颜色是白色。材质是用来放置到游戏对象上的。不能在没有材质的情况下直接增加纹理，这样做会隐藏式地创建一种新的材质。正确的工作流程是创建一种材质→选择一个着色器→选择纹理资源，以一并显示。

3. 天空盒

如图 2-26 所示，Unity 提供了四种天空盒供用户使用，其中包括 6 Sided（六面）天空盒、Cubemap（立方体贴图）天空盒、Panoramic（全景型）天空盒和 Procedural（渲染模式）天空盒。这四种天空盒都会将游戏场景包含其中，用来显示远处的天空、山峦等。

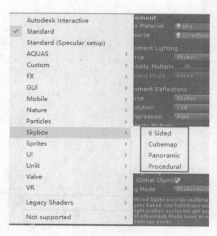

图 2-26　天空盒类型信息界面

（1）6 Sided（六面）天空盒

6 Sided 天空盒在游戏开发中最为常用，是用六张天空纹理图组成一个天空场景。创建这种天空盒首先需要创建一种材质，即在 Project 视图中右击，选择"Create→Material"选项。创建完成后单击材质球，将其着色器类型设置为 6 Sided（图 2-27），在弹出的设置面板中添加六张纹理图，如图 2-28 所示。

图 2-27　着色器类型设置为 6 Sided

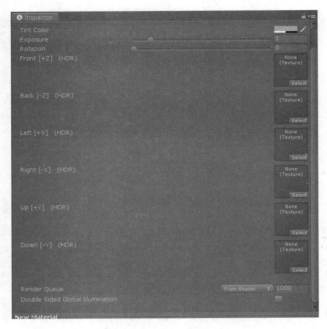

图 2-28　6 Sided 设置面板

（4）Cubemap 天空盒

Cubemap 天空盒是用一张全景天空纹理图组成一个天空场景。创建这种天空盒首先需要创建一种材质，即在 Project 视图中右击，选择"Create→Material"选项。创建完成后单击材质球，将其着色器类型设置为 Cubemap（图 2-29），在弹出的设置面板中添加一张全景天空纹理图，如图 2-30 所示。

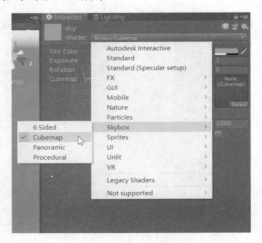

图 2-29　着色器类型设置为 Cubemap

图 2-30　Cubemap 设置面板

※任务实施

1. 设置图片格式

单击 texture 文件夹中的 rustig_koppie_4k 图片，在 Inspector 视图中设置图片参数，将 Texture Shape 属性设置为 Cube，将 Mapping 属性设置为 Latitude-Longitude Layout (Cylindrical)，单击"Apply"按钮保存设置，如图 2-31 所示。

图 2-31　图片参数设置

设置完成后，图片格式由图 2-32 样式变为图 2-33 样式。

图 2-32　Texture Shape 属性设置为 2D

图 2-33　Texture Shape 属性设置为 Cube

2. 制作天空盒材质球

1）在 Project 视图的 Assets 内空白处右击，在弹出的菜单中选择"Create→Material"选项，创建一个空白材质球，如图 2-34 所示。材质球命名为"sky"，如图 2-35 所示。

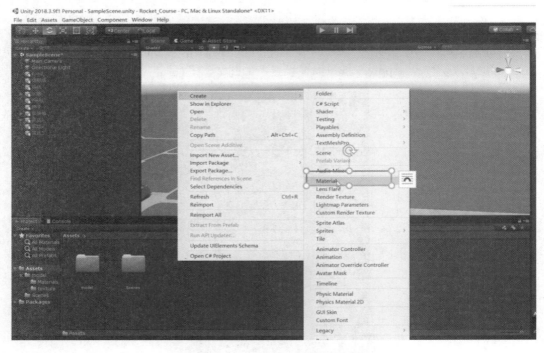

图 2-34　创建空白材质球

图 2-35　将材质球命名为"sky"

2）选中"sky"材质球，在 Inspector 视图中设置其属性参数。

① 从 Shader 右侧的下拉菜单中选择 Skybox 选项，在弹出的菜单中选择"Cubemap"选项，如图 2-36 所示。

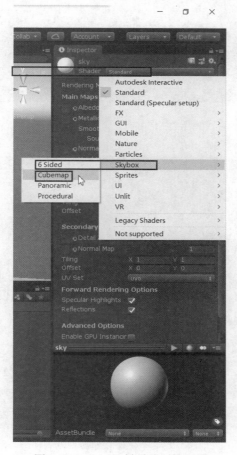

图 2-36　"sky"材质球属性设置

② "sky" 材质球属性界面变为图 2-37 所示后，单击 "Cubemap" 选项右下方的 "Select" 按钮，在弹出窗口中双击 rustig_koppie_4k 图片（图 2-38），将图片加载到材质球中，最终效果如图 2-39 所示。

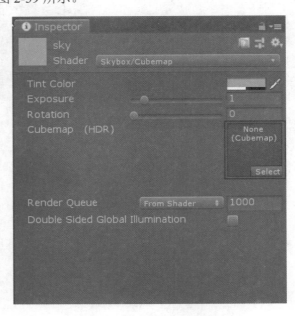

图 2-37　单击 "Select" 按钮

图 2-38　双击图片将其加载到材质球中

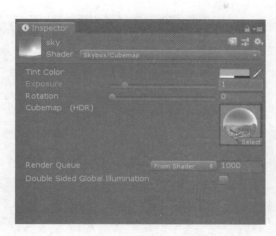

图 2-39 "sky"材质球最终效果

3. 将天空盒材质球导入场景

方法一：在 Assets 中，拖拽"sky"材质球到 Scene 视图中，加载完成效果如图 2-40 所示。

图 2-40 拖拽"sky"材质球至 Scene 视图中

方法二：在菜单栏中选择"Window→Rendering→Lighting Settings"，打开 Lighting Settings 窗口，如图 2-41 所示，将 Lighting Settings 窗口移动至 Inspector 视图旁。

图 2-41　打开 Lighting Settings 窗口

在 Lighting Settings 窗口中，单击 Environment 中"Skybox Material"右侧的圆点，如图 2-42 所示。在弹出窗口中双击，选择 sky 材质，如图 2-43 所示。至此，天空盒载入完成。

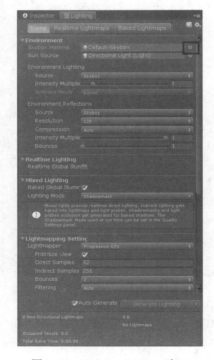

图 2-42　Lighting Settings 窗口

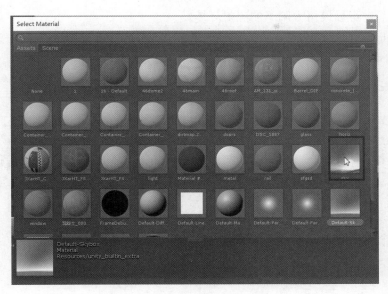

图 2-43 为天空盒选择 sky 材质

任务总结

在本任务中，我们学习了 Unity 天空盒的分类、作用及设置方式，为后面的具体实施打下了基础。

自我评价

请同学们将表 2-4 的内容补充完整，并讨论交流学习过程。

表 2-4 自我评价表

知识与技能点	你的理解	掌握程度
天空盒的种类		
6 Sided 天空盒设置方法		
Cubemap 天空盒设置方法		

课 后 习 题

一、选择题

1. 在 Unity 中自制天空盒需要（　　）张图片。
   A. 4　　　　　　　B. 5　　　　　　　C. 6　　　　　　　D. 7

2．（　　）可以模仿太阳下的照射环境。

    A．Point lights   B．Directional lights

    C．Spot lights   D．Area lights

二、填空题

1．Unity 中有 4 种光源类型，分别是_____、_____、_____、

_____。

2．Unity 默认创建的 3D Object 对象都是使用默认材质，而默认材质的颜色都是

_____。

三、实战题

搭建一个简易场景，练习添加不同的几何体、天空盒、灯光物体。

项目三 发射场景环境——创建 3D 场景

学习目标

1）了解 Terrain（地形）组件基本设置的操作。
2）熟悉在 Terrain 组件中抬高地形和设置洼地的具体方法。
3）掌握在地形中添加树木和草地的过程。
4）能熟练地根据项目需要创建出所需的 3D 场景。

项目导入

卫星发射基地是进行卫星运载火箭发射的重要场所，其选址要求为纬度低、交通便利、地形平坦开阔、空气透明度高等。我国有四大卫星发射基地，分别是酒泉卫星发射中心、西昌卫星发射中心、太原卫星发射中心、文昌航天发射场。其中，文昌航天发射场靠近赤道，主要承担地球同步轨道卫星、大吨位空间站和深空探测卫星等航天器的发射任务。在本项目中，我们要为即将开启的火箭发射任务设计一个火箭发射中心，并对发射中心的四周场景进行美化。

在本项目中，学生将使用 Unity 地形系统模拟运载火箭发射的场景，制作出包含山丘、湖泊、树木、草地和建筑物的场景，远处的景物会呈现相对模糊的薄雾效果。

项目分析

在本项目中，火箭发射场周围有低矮丘陵围绕，地面是绿色的草地，远处的山上有薄雾，有一点点模糊。场内有一个湖泊，发射场内部还有建筑物和树木。在了解本项目基本内容后，需要对项目内容进行实施规划。首先，需要使用 Terrain 组件创建一个基本的 3D 游戏场景；其次，需要将树、草和水体资源导入项目；最后，需要对 Terrain 组件进行基本地貌制作，添加建筑物，绘制树木和草等植物，添加水资源和雾气效果。本项目实施流程如图 3-1 所示。

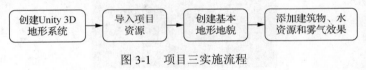

图 3-1 项目三实施流程

任务一　创 建 地 形

※任务情境

　　火箭发射场一般建设在远离城市的地区，周边会有一些高山和洼地。现在，设置的场景还很空旷，我们来给它加上真实的地形环境。

创建地形

※任务目标

　　Unity 中的地形系统——Terrain 是形成 3D 漫游场景的一个必备工具，开发人员可以在 Terrain 中通过 Terrain 的属性来制作基本的地形地貌，并在地形中设置高山、丘陵、湖泊、洼地等不同的形态。本任务是针对项目二中创建的 Rocket_Course 项目创建地形系统，并对地形进行设置，为即将发射的运载火箭设计一个适宜的发射场地。

※任务分析

　　经过沟通研讨，项目小组需要先确定本项目所用的 Terrain 组件，然后再对 Lighting 面板进行参数设置。

※知识准备

　　对于任何一款开发引擎的编辑器而言，地形编辑功能都是非常重要的。几乎所有场景的制作都要基于场景的地形地貌，因此地形编辑功能是开发引擎系统中的核心和基础功能之一。

　　在 Unity 3D 中，承担地形编辑功能的是 Terrain 组件。添加 Terrain 组件后，在 Inspector 视图中会出现地形编辑器的窗口，主要包含 Transform（变形）、Terrain 和 Terrain Collider（地形碰撞）三个组件，如图 3-2 所示。同时，新创建的地形系统会在 Project 视图中自动生成一个地形资源和一个 Terrain 对象实例，如图 3-3 所示。

图 3-2　地形编辑器窗口

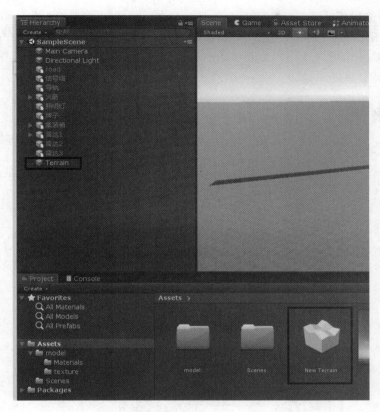

图 3-3　地形资源和 Terrain 对象实例

1. Terrain 组件

Terrain 组件设置地表相关数据时主要通过其工具栏的四个按钮完成，如表 3-1 所示。

表 3-1　Terrain 组件

按钮图标	按钮名称	主要作用
	Paint Terrain	绘制地形，即设置地形的抬升、降低、纹理等
	Paint Trees	绘制树木，即通过笔刷的方式大面积种植植物模型
	Paint Details	绘制细节，即绘制地表草地植被与岩石等
	Terrain Settings	地形设置，即对地形基础、风力速度与大小等参数，以及地形光照进行设置，显示树、草模型原件等

2. Lighting 面板

Lighting 面板是进行场景渲染的属性设置面板，其主要参数在 Scene 选项卡中进行设置，包含 Environment（环境）、Realtime Lighting（实时渲染设置）、Mixed Lighting

（混合模式渲染设置）、Lightmapping Settings（光照贴图设置）、Other Settings（其他设置）、Debug Settings（调试设置）六个模块。每次烘焙的时候单击"Generate Lighting"按钮开始烘焙，也可以选中"Auto Generate"（自动烘焙）复选框，缺点是只要场景中有一点改动就会重新烘焙。

※任务实施

1. 创建地形对象

打开项目二中创建的项目文件 Rocket_Course，在 Hierarchy 视图中右击，在弹出的快捷菜单中选择"3D Object→Terrain"选项，如图 3-4 所示。

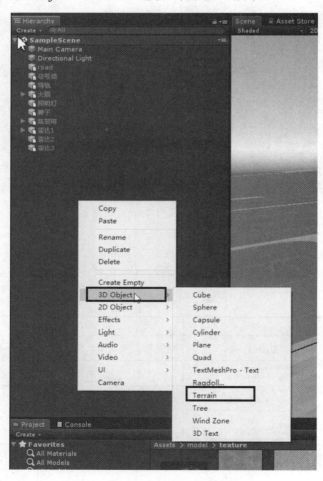

图 3-4　创建地形对象

2. 设置地形尺寸

在 Inspector 视图中，单击 Terrain 组件工具栏（图 3-5）中的 ⚙（Terrain Settings，地形设置）按钮，在下拉菜单中的 Mesh Resolution 选项组中设置 Terrain Width（地形宽度）属性为 1500、Terrain Length（地形长度）属性为 2000，如图 3-6 所示。

图 3-5 Terrain 工具栏

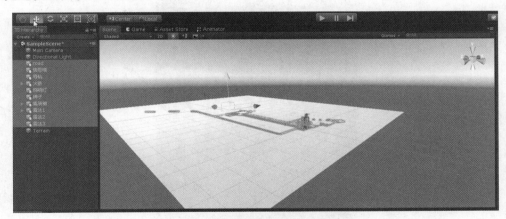

图 3-6 设置地形尺寸

3. 移动地形位置

选中 Terrain 对象，单击工具栏中的移动工具（快捷键 W），移动 Terrain 的位置，使其能包含场景中全部的 3D 模型，如图 3-7 所示。将 Terrain 位置的坐标 Y 值设置为-0.01，以免遮挡地面模型，如图 3-8 所示。

图 3-7 移动 Terrain 位置使其包含场景中全部的 3D 模型

图 3-8 设置 Terrain 位置的坐标值

4. 关闭自动烘焙

在菜单栏中选择"Window→Rendering→Lighting Settings"选项，打开 Lighting 窗口，如图 3-9 所示。

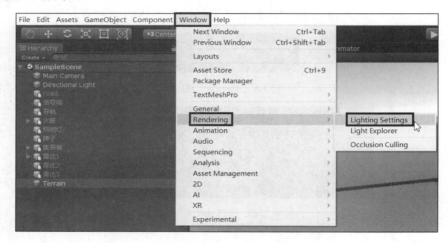

图 3-9　打开 Lighting 窗口

将打开的 Lighting 窗口与 Inspector 视图并列摆放，取消选中 Scene 模块中"Auto Generate"选项的复选框，如图 3-10 所示，让场景无法自动烘焙。

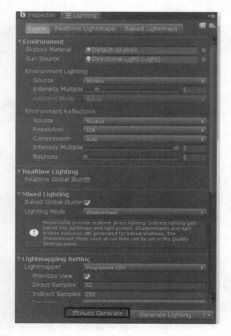

图 3-10　取消"Auto Generate"选项前的勾选

❖ 任务总结

在本任务中,我们学习了 Unity 中的 Terrain 系统的作用、Terrain 组件的创建和属性设置方法,为后面的具体实施打下了基础。

❖ 自我评价

请同学们将表 3-2 的内容补充完整,并讨论交流学习过程。

表 3-2　自我评价表

知识与技能点	你的理解	掌握程度
Terrain 创建方法		
Terrain 属性设置		
自动渲染设置		

任务二　美化地形

❖ 任务情境

地形已创建,但是颜色太单调了。如果能在地面加上小草,空气中加上雾气,效果会更好。

美化地形

❖ 任务目标

在本项目任务一创建好的地形基础上,利用地形组件工具为地形添加地形纹理和雾气效果,学生应通过本任务学会地形组件工具的使用方法,同时养成精益求精的习惯。

❖ 任务分析

经过沟通研讨,项目小组确定本项目需要用到的纹理图片 oilpt2_2K_Albedo 和 vewpadubw_4K_Albedo 已在项目二素材导入时添加到了 texture 文件夹中,可根据需要调用。

❉知识准备

1. Paint Terrain（绘制地形）

Terrain 组件中的 Paint Terrain 包括六个功能菜单，其详细功能如表 3-3 所示。

表 3-3　Paint Terrain 的详细功能

英文菜单名称	中文菜单含义	主要功能
Create Neighbor Terrains	创建相邻地形	可以在当前地形对象的前后左右创建新的地形实例对象
Raise or Lower Terrain	抬升或降低地形	单击抬升地形，按住 Shift 键的同时单击降低地形
Paint Texture	绘制纹理	对地形场景进行地表贴图的绘制
Set Height	设置高度	抬高地形的高度，默认地形高度和系统水平高度一致，无法制作洼地。设置高度值后单击"Flatten"（展平）按钮，使地形高度和水平高度产生高度差，可以制作洼地
Smooth Height	平滑高度	通过笔刷对地形进行柔滑处理，使地形产生平滑的过渡效果
Stamp Terrain	固定抬升高度	每次抬升的高度相同

2. Brushes（笔刷组件）

笔刷组件是地形制作中常用的工具组件，主要由笔刷样式、Brush Size（笔刷尺寸）和 Opacity（不透明度）组成，如图 3-11 所示。笔刷样式决定地形抬升或降低的形状，Brush Size 决定抬升或降低地形的区域大小，Opacity 决定每次单击时地形抬升或降低的幅度大小。

图 3-11　笔刷组件

※任务实施

1. 地形底层纹理设置

在本项目任务一创建地形的基础上，选中"Terrain"复选框，然后单击工具栏第一项（Paint Terrain）图标，在下拉菜单中选择"Paint Texture"选项，如图 3-12 所示。

图 3-12　地形底层纹理设置

单击"Edit Terrain Layers"（编辑地形图层）按钮，在弹出的菜单中选择"Create Layer"（创建新的图层）选项，再从打开的窗口中选择草地纹理图片，如图 3-13～图 3-15 所示。

图 3-13　绘制纹理

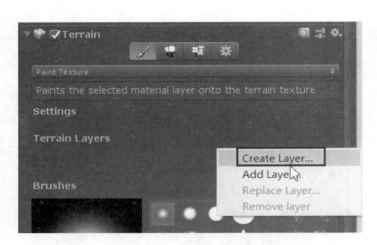

图 3-14　创建新的图层

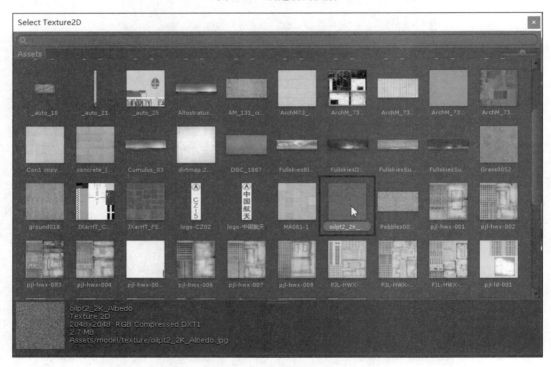

图 3-15　选择草地纹理图片

　　将添加的第一张纹理图片作为默认地形纹理，覆盖整个地形表面。设置完成后，草地纹理图片将填充至整个 Terrain 表面，如图 3-16 所示。

图 3-16　草地纹理效果

　　若草地纹理图片显示过密，可设置单张纹理图片真实效果，即选中草地纹理以后，单击"Open"按钮（图 3-17），打开纹理设置界面，在弹出菜单中调整每张纹理贴片的 Size 值，让场景看起来更加自然，如图 3-18 所示。

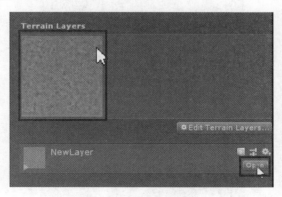

图 3-17　打开纹理设置界面

图 3-18　设置 Size 值（X 为 4，Y 为 4）

2. 细节调整

用同样的方法添加新纹理图层：选中新纹理图案，调整笔刷的形状、尺寸和不透明度，在道路的两侧进行涂抹绘制，使场景效果更加真实，如图 3-19～图 3-21 所示。

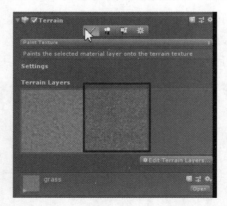

图 3-19　添加并选中新纹理图案

图 3-20　调整笔刷参数

图 3-21　在道路两侧进行细节效果调整

3. 设置起伏地形

设置起伏地形首先要设置地形抬升高度，否则地形将无法向下凹陷。单击"Paint Terrain"按钮，在下拉菜单中选择"Set Height"选项，设置 Height 值为 20，单击"Flatten"按钮，如图 3-22 所示。

图 3-22　设置地形抬升高度

地形抬升后，发射架、路面等部分 3D 模型将被遮挡，如图 3-23 所示。调整 Terrain 坐标尺寸，让 3D 模型可以再次全部显示出来，如图 3-24 和图 3-25 所示。

图 3-23　发射架、路面等 3D 模型被遮挡

图 3-24　调整后的 Terrain 坐标尺寸

图 3-25　调整后的效果

单击"Paint Terrain"按钮，在下拉菜单中选择"Raise or Lower Terrain"（抬升或降低地形），调整笔刷的形状、尺寸和不透明度，如图 3-26 所示。在地形周边空白处单击，绘制起伏地形，如图 3-27 所示。绘制完成后，单击"Play"按钮，可以在 Game 窗口查看地形的最终效果，如图 3-28 所示。

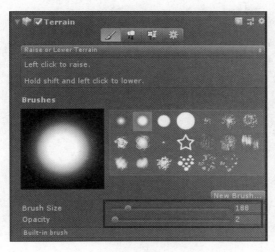

图 3-26 地形起伏笔刷参数设置

图 3-27 绘制起伏地形

图 3-28　地形最终效果

4. 添加雾气效果

通过 Lighting 选项卡设置雾气效果：在 Lighting 选项卡中单击"Scene"按钮，可以看到 Other Settings 栏包含 Fog（雾气）选项，其默认状态属于未选中状态，如图 3-29 所示。

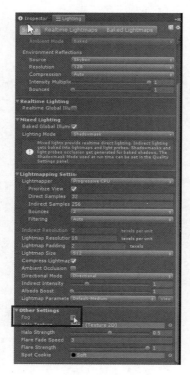

图 3-29　雾气选项

如图 3-30 所示，选中"Fog"复选框，设置和雾气效果相关的参数：Color 用来设置雾气的颜色，Density 用来设置雾气的浓度。添加雾气后的效果如图 3-31 所示。

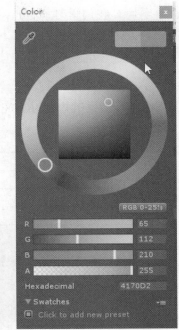

图 3-30　雾气效果设置

图 3-31　添加雾气后的效果

❀任务总结

在本任务中，我们学习了 Unity 中地形纹理制作的方法、地形抬升的方法及雾气效果设置方法，为后面的具体实施打下了基础。

❀自我评价

请同学们将表 3-4 的内容补充完整，并讨论交流学习过程。

表 3-4　自我评价表

知识与技能点	你的理解	掌握程度
地形纹理制作		
地形抬升或降低方法		
雾气效果设置		

任务三　添加静态物体为水面

❀任务情境

绵延的群山都披上了绿装，地形中的洼地地势较低容易积水，形成湖泊，我们利用洼地制作一个小型湖泊，进一步美化火箭发射场的环境。

添加静态物体
为水面

❀任务目标

在本项目任务二制作好的地形基础上为火箭发射场制作一个湖泊，模拟一个真实的火箭发射场景，让学生能更真实地体验到运载火箭发射的环境。通过本任务的学习，学生应学会 Unity 地形系统中水面效果的制作方法。

❀任务分析

湖泊的制作首先需要制作一个洼地，然后为洼地覆盖上一层"表皮"，并将"表皮"的表面设置为水面样式。

❀知识准备

在 Unity 3D 中，水面的制作方法分为以下两种。

1）使用官方资源包 Environment（环境）中的 Water（水）组件。Environment 中有两个文件夹，分别是 Water 和 Water（Basic），包含了白天和晚上两种水效果资源。Water（Basic）中的 Prefabs（预制体）文件夹中有两种水资源的预制体，选择预制体到地形的凹陷处，调整位置及尺寸大小使其完全覆盖凹陷处，即可生成水面效果。

2）添加一个平面在洼地处，然后为该平面设置水面效果材质。

※任务实施

1）打开项目文件"Rocket_Course"，在 Hierarchy 视图中单击"Terrain"，然后单击工具栏第一项"Paint Terrain"，在下拉菜单中选择"Raise or Lower Terrain"选项，调整笔刷的样式、尺寸和强度，在计划制作湖泊的位置按住 Shift 键并单击，制作凹陷地面，如图 3-32 所示。

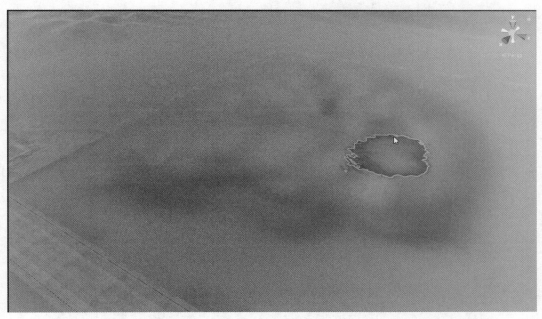

图 3-32　制作凹陷地面

2）为项目添加一个 Plane（平面）对象，作为水面。在 Hierarchy 视图空白处右击，在弹出的快捷菜单中选择"3D Object→Plane"选项，将平面移至凹陷地面上方，如图 3-33 和图 3-34 所示。

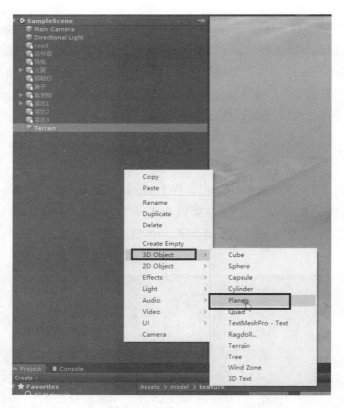

图 3-33　添加 Plane 对象

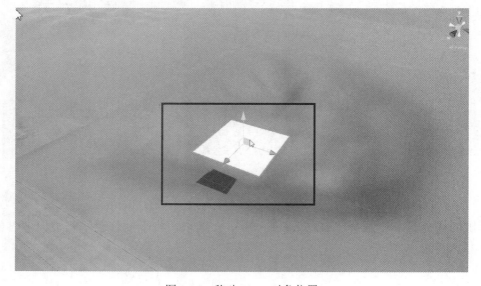

图 3-34　移动 Plane 对象位置

3）使用缩放工具调整 Plane 对象，使其覆盖整个凹陷地面，如图 3-35 所示。

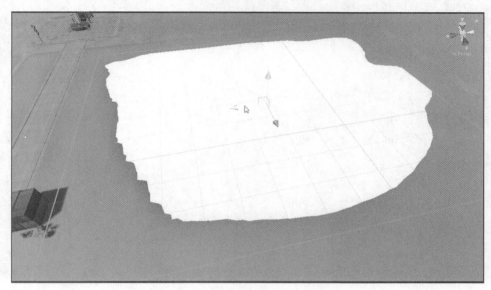

图 3-35　调整大小使其覆盖整个凹陷地面

4）将教材资源包中的"WATER"资源包拖拽至 Assets 中，如图 3-36 所示。资源导入后，选中"Assets→AQUAS→Materials→Water→Desktop&Web"中的图片，如图 3-37 所示。单击并按住鼠标左键，将其拖拽至 Plane 对象上，为 Plane 对象添加材质效果，如图 3-38 所示。

图 3-36　将"WATER"资源包添加至项目中

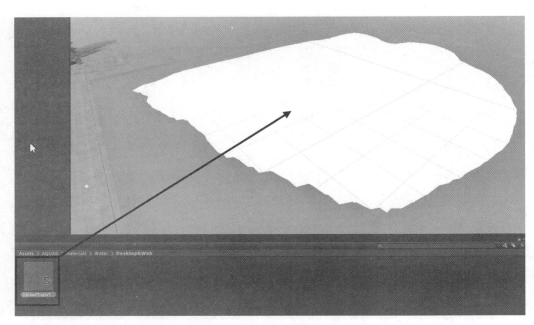

图 3-37　选中图片

图 3-38　添加材质后的水面效果

5）若材质表面颜色较深，可进行调整。选中"Plane"复选框，在 Intensity 视图中找到材质球，单击图 3-39 左下角的箭头，在打开的列表中找到"Main Color"和"Deep Water Color"（图 3-40），调整参数，使水面达到想要的效果，如图 3-41 所示。

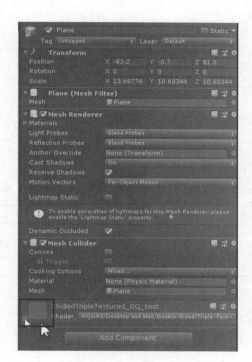

图 3-39　水面效果材质球

图 3-40　"Main Color"和"Deep Water Color"

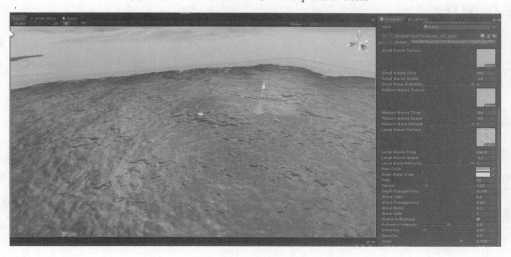

图 3-41　水面最终效果

任务总结

在本任务中我们学习了地形编辑器中水面效果的创建方式和设置方法，为后续的学习与实践打下了基础。

自我评价

请同学们将表 3-5 的内容补充完整，并讨论交流学习过程。

表 3-5　自我评价表

知识与技能点	你的理解	掌握程度
资源包 Environment 中 Water 组件的使用方法		
水面效果纹理图片的使用方法		

任务四　添加建筑物和植被

任务情境

火箭发射场不能只有发射塔架，需要完善其他辅助设施，如控制中心、测量设施、后勤设施等，还需要为道路两侧添加树木。

添加建筑物和植被

任务目标

在本项目任务三完成的地形系统基础上为火箭发射场景继续添加建筑物和植被，使发射场的环境更加真实美观。通过本任务的学习，学生应掌握地形系统添加建筑物及植被的方法，同时培养做事要尽善尽美的精神。

任务分析

火箭发射场已存在多种建筑物，但数量不足，看起来较为空旷，可以通过复制建筑物的方式增加数量，并同时使用 Paint Trees（绘制树木）为火箭发射场景添加草地和树木。

知识准备

1. 预制体

预制体（Prefab）是 Unity 中的一种资源类型，可以理解为 Unity 的对象模型，能够

被用来重复实例化的对象。场景中对 Prefab 实例化出来的对象所做的任何修改，都可以通过"Apply"按钮进行应用，即更新预制体。

预制体必须来源于具体的游戏对象，因此它不能是空白的，只能从场景中生成或者从外部导入。将游戏场景中或者 Hierarchy 视图中的游戏对象模型拖拽至 Assets 中，在 Assets 中生成一个三维模型对象，同时将 Hierarchy 视图中的游戏对象变为蓝色，即为预制体制作完成。

2. Paint Trees 和 Paint Details

Paint Trees 和 Paint Details（绘制细节）是地形编辑器的两个功能模块，分别用来对场景添加树木和细节，操作方式类似。二者的区别在于，Paint Trees 使用预制体进行添加（图 3-42），Paint Details 使用 Texture 纹理图片进行添加（图 3-43）。具体操作时，可根据项目的资源情况来选择添加方式。

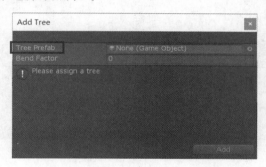

图 3-42　Paint Trees 的添加对象

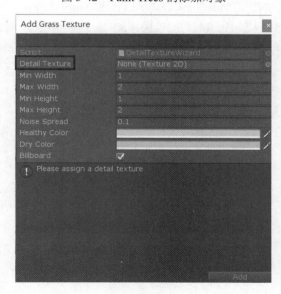

图 3-43　Paint Details 的添加对象

※任务实施

1. 建筑物材质调整

1）选中雷达站模型，在 Intensity 视图中找到材质球，单击图标左下角的箭头，如图 3-44 所示。

图 3-44　雷达站材质设置

2）在打开的列表中找到 Metallic（金属）属性和 Smoothness（平滑）属性（图 3-45），调整参数，使雷达站外观产生金属反光效果，如图 3-46 所示。用同样的方法设置其他建筑物模型。

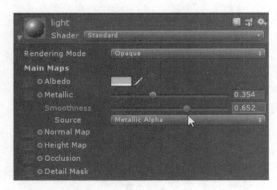

图 3-45　Metallic 和 Smoothness 设置

图 3-46　金属反光最终效果

2．建筑物等物体摆放

选中信号塔模型，使用 Ctrl+D 组合键复制信号塔模型，并摆放好复制出来的信号塔位置，如图 3-47 和图 3-48 所示。

图 3-47　选中信号塔模型

图 3-48   复制并摆放信号塔模型

用同样的方法复制照明灯模型，并调整照明灯模型的摆放位置和照射角度，如图 3-49 和图 3-50 所示。

图 3-49   选中照明灯模型

图 3-50　复制并摆放照明灯模型、调整照射角度

　　Hierarchy 视图中的其他模型也可以用此方法复制摆放，以使场景中的物体更加丰富，如图 3-51 所示。

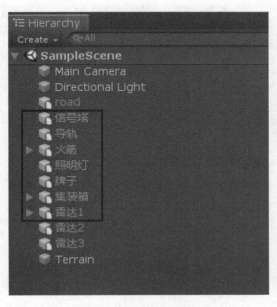

图 3-51　Hierarchy 视图中的物体对象

添加摆放物体后，单击"Play"按钮，可在 Game 窗口查看摆放效果，如图 3-52 所示。

图 3-52　物体摆放效果

3. 草地的添加

将教材资源包中的"GRASS"资源包导入"Assets"文件夹中，如图 3-53 所示。

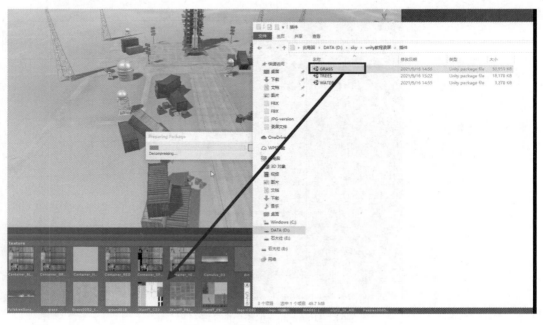

图 3-53　导入"GRASS"资源包

单击 Terrain 组件中的"Edit Trees"按钮（图 3-54），在弹出的菜单中选择"Add Tree"选项，如图 3-55 所示。

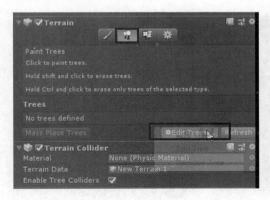

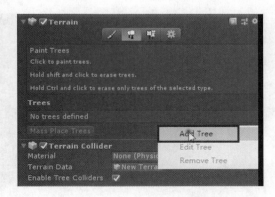

图 3-54 单击"Edit Trees"按钮　　　　　　　　图 3-55 选中"Add Tree"选项

在弹出的窗口中单击"Tree Prefab"框，从弹出的菜单中选择"Rough_Grass_Desktop_Cluster"文件，然后单击右下角的"Add"按钮（图 3-56），在 Paint Trees 中就会出现草地模型（图 3-57）。

图 3-56 单击"Add"增加草地预制体　　　　　　图 3-57 添加草地模型

选中草地模型，调整 Brush Size（笔刷尺寸）和 Tree Density（树木密度）后，在场景空白处单击进行添加，如图 3-58 所示。

图 3-58　草地模型设置

如果出现草地模型覆盖路面（图 3-59）或建筑物等情况，按住 Shift 键，再次单击，就可以去除已添加的草地模型，如图 3-60 所示。

图 3-59　草地模型覆盖路面

图 3-60　去除路面上的草地模型

4. 树木的添加

将教材资源包中的"TREES"资源包导入 Assets 文件夹中，如图 3-61 所示。

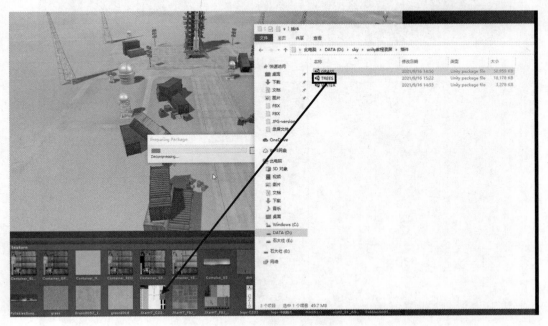

图 3-61　导入"TREES"资源包

资源导入后，选中"Assets→Tree9"中的树木模型，单击并按住鼠标左键，将其拖拽至场景中，如图 3-62 所示。随后，调整树木模型大小及位置，按住 Ctrl+D 组合键进行复制摆放，如图 3-63 所示。

图 3-62　选中树木模型并拖拽至场景中

图 3-63　复制及摆放树木模型

5. 最终效果

单击"Play"按钮，可在 Game 窗口查看火箭发射场最终效果，如图 3-64 所示。

图 3-64　火箭发射场最终效果

❖任务总结

本任务主要学习了模型金属反光的调整、游戏对象的复制，以及树木和草地的添加方式。

❖自我评价

请同学们将表 3-6 的内容补充完整，并讨论交流学习过程。

表 3-6　自我评价表

知识与技能点	你的理解	掌握程度
材质球金属效果		
预制体		
树木添加		
草地添加		

课 后 习 题

一、选择题

1. 默认创建的地形对象包含（　　）个组件。
   A. 1　　　　　　　　B. 2　　　　　　　　C. 3　　　　　　　　D. 4
2. （　　）不是 Terrain 组件其他设置中的参数。
   A. Terrain Height　　　　　　　　B. Terrain Width
   C. Terrain Length　　　　　　　　D. Terrain Low

二、思考题

1. 简述 Terrain 的属性设置。

2. 简述 Terrain 组件工具栏中 Paint Height 的功能。

3. 简述 Terrain 组件工具栏中 Flatten 的功能。

三、实战题

在 Unity 集成环境中新建一个名为"DomoTerrain"的场景，在该场景中创建一个地形，利用地形组件绘制出几座高山和一条沟壑，并为高山添加树和草的纹理图，为沟壑添加相应的纹理图（纹理图可以从资源包中获取）。

项目四　火箭发射——音效和粒子系统

❖学习目标

1）能根据需求导入音频资源及粒子系统插件。
2）会根据需求设置音频效果及粒子系统效果。

❖项目导入

火箭发射的时候，尾部的发动机会喷射出巨大的火焰，产生剧烈的响声，这些都是火箭使用的固体燃料燃烧后所产生的效果。由于火箭使用的固体燃料药面精度要求很高，最大误差不能超过 0.5 毫米，但无论是浇筑成型还是模具成型的燃料，其药面精度都远远不够且不能用机器加工（一点火星就会瞬间引爆），所以，燃料药面只能人工整形。中国航天一线的药面整形师徐立平及其团队的每一刀都在死亡的边缘行走，经过数万次的练习，他们的整形精度做到了误差不超过 0.2 毫米，被誉为"以国为重的大国工匠"。

在游戏中，我们时常能够看到听到爆炸、水花、烟雾、火焰、枪声及各种声音等特效，这些特效就是粒子系统。粒子系统通过对一两组材质进行重复绘制来产生大量的粒子，且产生的粒子能够随时间在颜色、体积、速度等方面发生变化。通过本项目的学习，学生将掌握利用粒子系统模拟虚拟场景中的音效、火焰、烟雾等特效，掌握粒子系统的控制、粒子系统之间的相互作用的方法。

❖项目分析

控制中心发出倒计时指令后，火箭进入发射前的倒计时，当倒计时清零的一刻火箭发射，同时火箭底部会迸发出火焰及烟雾。在了解本项目的基本内容后，项目小组对本项目进行了实施规划。首先，导入需要的音频资源及粒子系统插件，做好前期准备工作；其次，将音频资源及粒子系统插件加入场景中；最后，对加入场景中的资源进行合理设置，以保证资源达到最优效果。本项目的实施流程如图 4-1 所示。

图 4-1　项目四实施流程

任务一　音频资源的导入和设置

※ 任务情境

一切准备就绪，火箭静候在发射架上，控制中心发出倒计时指令，广播传出倒计时声音，"10、9、8……1，点火发射"。倒计时的声音是怎么制作的呢？

音频资源的导入
和设置

※ 任务目标

在项目三完成的场景环境搭建的基础上完成火箭发射效果——倒计时音频的导入及场景中音频效果的设置，为后续的烟雾及火焰效果做准备。

※ 任务分析

经过沟通研讨，项目小组首先确定了本项目需要用到的音频效果，然后将音频效果导入素材资源文件夹中，最后根据效果需求对音频效果进行设置并应用到项目中。

※ 知识准备

声音在任何类型的游戏中都占有举足轻重的地位，合理地搭配游戏音效可以营造出与其主题相匹配的环境氛围。游戏中的声音分为两种，分别是游戏音乐和游戏音效。前者适合时间较长的音乐，如游戏背景音乐；后者适合时间较短的音乐，如枪击声、爆炸声等。

1. 声音类型和音频侦听器

如表 4-1 所示，Unity 游戏引擎一共支持四种音频格式：.AIFF、.WAV、.MP3 和.OGG。

表 4-1　Unity 游戏引擎支持的音频格式

种类	较短音乐（如击打声、枪击声）	较长音乐（如背景音乐）
.AIFF	√	
.WAV	√	
.MP3		√
.OGG		√

音频侦听器（Audio Listener）是游戏场景中不可或缺的一分子。它在场景中的作用类似于麦克风设备——接收场景中任何给定的音频源输入，并通过计算机的扬声器播放声音。

2. 音频源

在游戏场景中播放音乐需要用到音频源（Audio Source）。音频源播放的是音频剪辑

（Audio Clip），若音频剪辑是 3D 的，声音则会随着音频侦听器与音频源间距离的增大而衰减，产生多普勒效应。音频不仅可以在 2D 与 3D 之间进行变换，还可以改变其音量的衰减模式。

当音频侦听器处于一个或多个混响区域（Reverb Zone）内时，混响将被应用到音频源中。单独的音频滤波器可以应用到每个音频源，从而得到更加丰富的听觉体验。

音频源音量的衰减模式一共有三种，分别是对数衰减、线性衰减和自定义衰减。这三种衰减模式的共同点是声音在最小距离（Min Distance）之外按照其模式进行衰减。其中，自定义衰减模式就是可自定义衰减曲线，设计者在曲线的某一点右击选择 "Add Key" 选项，即可增加一个键（Key），并在键的位置调整衰减曲线。

3．音频效果

音频滤波器组件不仅可以应用于音频源和音频侦听器，还可以应用于带有音频源的组件或带有音频监听组件的游戏对象，以达到不同的播放效果。

Unity 中进行封装的滤波器有六种，分别是低通滤波器（Low Pass Filter）、高通滤波器（High Pass Filter）、回声滤波器（Echo Filter）、失真滤波器（Distortion Filter）、混响滤波器（Reverb Filter）和合声滤波器（Chorus Filter）。

※任务实施

1）打开项目三完成的项目文件 "Rocket_Course"，将本项目素材资源包中的倒计时音频 "countdown.wav" 及火箭发射的环境音频 "launch.wav" 导入 "Sound" 文件夹中，如图 4-2 所示。单击导入的音频可以在 Inspector 视图查看其信息，也可以单击播放按钮试听音频的效果，如图 4-3 所示。

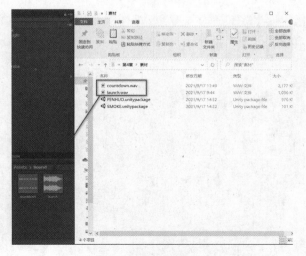

图 4-2　音频文件导入

图 4-3　试听音频的效果

2）将音频文件 countdown（倒计时）加载到场景中，如图 4-4 所示。

图 4-4　加载倒计时音频

3）设置音频源。将音频文件放置到火箭底部位置，设置音频源的最小距离及最大距离（Max Distance），使声音在最小距离内保持最大，在最小距离外开始衰减，超过最大距离时保持音量，不再做任何衰减，如图 4-5 所示。

图 4-5　音频源设置

4）运行游戏。音频源文件设置完成后运行游戏，会听到 10 秒发射倒计时指令，指令完成后火箭将发射。

任务总结

在本任务中，我们学习了 Unity 中声音文件的类型及其设置方法，为后面的具体实施打下了基础。

自我评价

请同学们将表 4-2 的内容补充完整，并讨论交流学习过程。

表 4-2　自我评价表

知识与技能点	你的理解	掌握程度
声音的类型		
音频文件的设置		
音频文件的效果		

任务二　粒子系统的导入与应用

※任务情境

　　倒计时结束后，控制中心发出点火指令，火箭底部喷出大量的浓烟和火焰，在巨大的推力下火箭缓缓腾空而起……浓烟和火焰效果是如何实现的呢？

粒子系统的导入
与应用

※任务目标

　　在本项目任务一的基础上制作火箭发射的烟雾及火焰效果。通过导入烟雾及火焰粒子系统插件，可以制作火箭发射时喷射出来的烟雾及火焰。

※任务分析

　　经过沟通研讨，项目小组先确定本任务需要用到的烟雾及火焰粒子系统，然后将烟雾及火焰粒子系统插件导入素材资源文件夹中，最后根据需求对烟雾及火焰效果进行设置并将其应用到项目中，实现在视觉上展现烟雾及火焰效果的目标。

※知识准备

　　1. 粒子系统的特性

　　粒子系统能通过对一两种材质进行重复绘制产生大量的粒子，且产生的粒子能够随时间在颜色、体积、速度等方面发生变化，不断产生新的粒子、销毁旧的粒子。基于这些特性，粒子系统能够很轻松地打造出绚丽的浓雾、雨水、火焰、烟花等效果。

　　在层级视图中添加粒子系统后，选中创建好的粒子系统（Particle Effect），在 Scene 视图中右下角多了一个控制窗口，如图 4-6 所示。

图 4-6　粒子系统预览界面

1）Pause（暂停）：暂停播放。

2）Stop（停止）：停止播放。

3）Playback Speed（播放速度）：设置播放速度倍率。

4）Playbackt Time（播放时间）：设置播放时间，从粒子系统开始播放到当前时间。

5）Particles（粒子数量）：显示粒子数量。

2. 粒子系统的获取方式

粒子系统的获取方式有两种：一种是在 Unity 集成开发环境中创建粒子系统；另一种是根据项目需要，从 Unity 的资源商店及标准资源中查找适用于本项目的粒子特效资源，再进行适当修改后应用到本项目中。其中，在集成开发环境中创建粒子系统的方式又分为两种：一种是通过菜单直接创建一个粒子系统对象，并将其添加在场景中；另一种是将粒子系统以组件的形式挂载到场景中的物体上。这两种方式创建出来的粒子系统并没有本质的区别。

3. 粒子系统对象的创建

打开 Unity 开发环境，在菜单栏中选择"GameObject→Effects→Particle System"选项，在场景中创建一个粒子系统对象（图 4-7），此时会生成名为"Particle System"的游戏对象。单击该对象就能够在 Inspector 视图中查看粒子系统的设置面板，如图 4-8 所示。

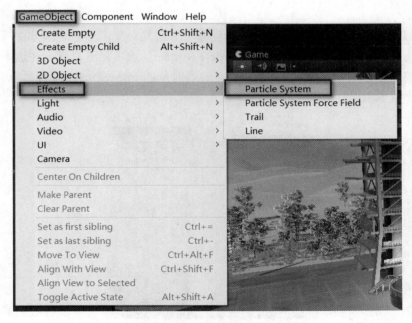

图 4-7　创建粒子系统对象

（a）设置面板1　　　　　　　　　　　　（b）设置面板2

图 4-8　粒子系统设置面板

4.　添加粒子系统对象组件

打开 Unity 集成开发环境并在场景中创建一个游戏对象，然后选中该游戏对象，在菜单栏中选择"Component→Effects→Particle System"选项，这样就会在选中的游戏物体上添加粒子系统组件，如图 4-9 所示。在游戏对象的 Inspector 视图中同样可以看到粒子系统的设置面板。

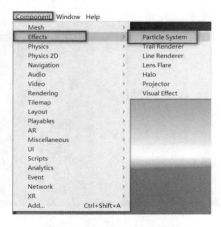

图 4-9　添加粒子系统组件

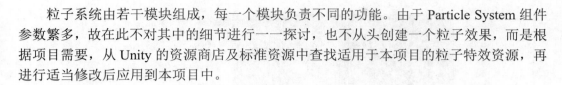

　　粒子系统由若干模块组成，每一个模块负责不同的功能。由于 Particle System 组件参数繁多，故在此不对其中的细节进行一一探讨，也不从头创建一个粒子效果，而是根据项目需要，从 Unity 的资源商店及标准资源中查找适用于本项目的粒子特效资源，再进行适当修改后应用到本项目中。

　　5. 雾效果

　　雾效果是相当于在场景中开启大气雾的效果，让场景看起来有种朦胧的感觉。在大型项目中，适当的雾效果可以提高游戏运行的效率，因为计算机的显卡可以不用绘制看不清楚的物体，这在材质渲染中能大量节省资源。雾效果根据摄像机的深度纹理创建屏幕空间雾，支持线性雾、指数雾和指数平方雾三种类型。可以在 Lighting 窗口的 Scene 选项卡中设置雾效果参数，如图 4-10 所示。

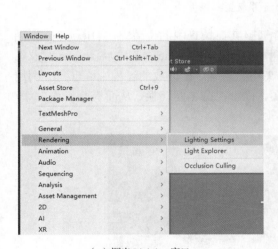

（a）调出 Lighting 窗口　　　　　　　　　　　（b）设置雾效果参数

图 4-10　设置雾效果

❖任务实施

　　1）打开本项目任务一完成的项目文件"Rocket_Course"，导入本项目素材中的资源包"PENHUO.unitypackage"及"SMOKE.unitypackage"。导入完成后可以在 Project 视图的文件路径"Assets→model"下看到导入的烟雾（smoke）和火焰（penhuo）粒子系统资源包，如图 4-11 所示。

图 4-11　导入粒子系统资源包

2）将 smoke 粒子插件加载到场景中，并调整其在场景中的位置。在 Hierarchy 视图中单击 smoke 对象，利用 Unity 工具栏中的平移工具，在 Scene 窗口中将 smoke 对象摆放到火箭底部位置，使其底部稍微高于火箭底座的高度。在摆放的过程中，可充分利用 Scene 视图右上角的视角切换工具，在透视图、投影视图之间切换，从而提高工作效率。具体操作如图 4-12 所示。

图 4-12　加载并调整 smoke 粒子插件位置

3）运行游戏 10 秒后，可在 Game 窗口看到烟雾效果。

4）将 penhuo 粒子插件加载到场景中，如图 4-13 所示，并调整其在 Scene 视图中的位置。在 Hierarchy 视图中单击"penhuo"对象，利用 Unity 工具栏中的平移和旋转工具，在 Scene 视图中将"penhuo"对象移动到"火箭"对象上，并调整"penhuo"对象的位置使其位于火箭中心主体组件的底部，且其底部稍微高于火箭主体底部口位置，同时旋转"penhuo"对象使其火苗方向与火箭发射方向在同一垂直线上，具体操作如图 4-14 示。

图 4-13　加载 penhuo 粒子插件到场景中

图 4-14　调整火焰到火箭主体位置

5）运行游戏 10 秒后，可在 Game 窗口看到火焰效果。

❋任务总结

在本任务中，我们学习了 Unity 中粒子系统的特性，以及粒子系统的获取、创建和设置方法，为后面的具体实施打下了基础。

❋自我评价

请同学们将表 4-3 的内容补充完整，并讨论交流学习过程。

表 4-3 自我评价表

知识与技能点	你的理解	掌握程度
粒子系统的获取方法		
粒子系统的创建方法		
烟雾粒子系统的设置		
火焰粒子系统的设置		

课 后 习 题

一、选择题

1．粒子系统控制面板默认有（   ）个模块。
   A．2   B．3   C．4   D．5
2．粒子系统的 Shape 模块定义了发射粒子区域的形状属性，（   ）属于 Shape 模块的可选形状。
   A．球体   B．半球体   C．锥体   D．以上都是
3．下列关于粒子系统的说法，错误的是（   ）。
   A．烟花、烟雾、雨水等都是由粒子系统制作的
   B．Stop 按钮会将粒子系统变为最初状态，即播放时间、粒子数都初始化为 0
   C．Looping 的作用是让粒子系统循环运行
   D．Duraton 是 5 秒，代表粒子就一定会发射 5 秒
4．Unity 可以导入的音频文件格式有（   ）。
   A．.MP3   B．.AIFF   C．.WAV   D．以上都可以

二、填空题

1．为了模拟位置的影响，Unity 要求声音文件来自附加到对象的_____。

2．音频源的主要组件是_____组件。

3．Unity 内置的特效有三大类：_____、_____、

_____。

4．_____模块包含了影响整个粒子系统的组件。

三、思考题

1．Unity 特效可以模拟现实生活中的哪些现象？

2．简述日常生活中类似拖尾特效的现象。

四、实战题

自己动手做一个粒子效果，将其添加到 Hierarchy 视图的 Game 场景中，并在场景中添加声音——模拟森林里清晨的声音。

项目五　火箭分离——物理引擎元素

学习目标

1）理解刚体的概念。
2）理解刚体常用方法的基本格式及其应用环境。
3）熟练掌握碰撞过程中的碰撞检测方法。
4）理解触发器与碰撞体的区别及其不同使用方法。

项目导入

火箭的强大动力来源于它的发动机。火箭发动机是喷气发动机的一种，它将推进剂贮箱或运载工具内的反应物变成高速射流，依据牛顿第三运动定律产生推力。当火箭将卫星、飞船等送达预定轨道且燃料耗尽后，就会分离，坠入大气层，落回地球。长征九号运载火箭是为执行未来载人月球探测、深空探测等任务研制的，是我国目前运载能力最大的一型火箭，其综合性能指标达到国际运载火箭的先进水平，可满足未来较长时期国内载人月球探测、深空探测等国家重大科技活动的任务需求，确保我国在 2030 年前运载火箭技术迈入世界一流梯队。

长征九号运载火箭芯级箭体直径 10 米级，捆绑四个 5 米直径助推器，每个助推器安装两台 4800 千牛推力液氧煤油发动机；芯一级安装四台推力 4800 千牛的液氧煤油发动机；芯二级安装两台真空推力 2200 千牛的氢氧发动机；芯三级安装四台真空推力 250 千牛的氢氧发动机。通过对助推器数量的调整，以及芯一级适应性增加一台 4800 千牛推力液氧煤油发动机，可以构建近地轨道运载能力 50～140 吨、奔月转移轨道运载能力 15～50 吨、奔火转移轨道运载能力 12～44 吨的系列化型谱。

物理引擎对于当前大部分游戏是必不可少的一部分，Unity 游戏引擎内置了英伟达（NVIDIA）的 PhysX 物理仿真引擎，具有高效低耗、仿真度极高的特点。物理引擎通过为刚体（Rigidbody）赋予真实的物理属性的方式来计算它们的运动、旋转和碰撞应用。本项目主要介绍物理引擎中刚体的定义及其使用方法。

项目分析

火箭需要一个推力才能向上发射，而给火箭施加的推力则是通过点火后尾部喷射火焰来实现的。本项目的实施流程如图 5-1 所示。

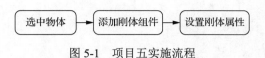

图 5-1　项目五实施流程

任务一　设置物体的刚体物理属性

※※任务情境

在震天动地的轰鸣声中，火箭在巨大的推力下冉冉上升，加速飞行段由此开始了，火箭在预定程序下开始向着目标方向前进。怎么在游戏场景中实现向上的推力效果呢？

设置物体的刚体
物理属性

※※任务目标

在虚拟现实逐渐兴起的今天，物理引擎对于当前大部分游戏是必不可少的。本任务是在项目四完成场景环境搭建及音效和粒子效果的基础上，为场景中的物体添加刚体，实现物体的碰撞，为后续实现火焰及烟雾效果做准备。

※※任务分析

发射火箭时，地面控制中心倒计时数到"1"便下令第一级火箭发动机点火。在震天动地的轰鸣声中，火箭拔地而起，冉冉上升。加速飞行段由此开始了，经过几十秒，运载火箭开始按预定程序缓慢向预定方向转变。火箭是以热气流高速向后喷出，利用产生的反作用力向前运动的喷气推进装置，因此火箭需要有刚体的作用，本任务就是要为火箭添加刚体及碰撞盒。

※※知识准备

1. 刚体的特性

刚体使物体能在物理控制下运动。刚体可通过接受力与扭矩，使物体运行效果更加真实。它可以通过真实碰撞来开门，实现各种类型的关节功能。刚体在受物理引擎影响之前，必须明确添加给物体。可以通过选中物体，然后在菜单栏中选择"Add Components（添加组件）→ Physics（物理属性）→ Rigidbody（刚体）"选项来增加一个刚体组件。只有给对象增加了刚体组件之后，才能实现该对象在场景中的交互，增加仿真效果；才能产生受到重力影响、接受外力碰撞等颇具真实感的动作效果。

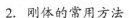

虚拟现实（VR）制作与应用

2．刚体的常用方法

刚体的常用方法有以下三个。

1）AddForce（添加一个力）：给刚体添加一个力。

2）AddRelativeForce（添加相对力）：给刚体添加一个相对力，让刚体沿着"自身坐标系"进行运动。

3）FixedUpdate（固定更新）：固定时间调用的更新方法，和物理有关的操作代码都要写在此方法中。

任务实施

1）打开项目文件"Rocket_Course"，将"分解火箭"对象加载到 Scene 视图中。在 Hierarchy 视图中单击"分解火箭"对象，利用 Unity 工具栏中的平移，在 Scene 视图中将"分解火箭"对象移动到空中，使其距离地面集装箱等物体有一定的高度，以便后面返回地面的"分解火箭"对象能与地面集装箱等物体发生碰撞，如图 5-2 所示。

图 5-2　加载"分解火箭"对象到 Scene 视图中

2）给"分解火箭"对象、集装箱等物体增加刚体及碰撞体。

在 Hierarchy 视图中选择"分解火箭→JXarHT_CZ2HF_2"选项，按住 Ctrl 键，分

· 100 ·

别单击对象"JXarHT_CZ2HF_3""JXarHT_CZ2HF_4""JXarHT_CZ2HF_5",同时选中四个火箭盒;在 Inspector 视图中找到并单击"Add Component"按钮,在弹出的列表中选择"Physics",进入"Physics"内容列表中,在"Physics"内容列表中选择"Rigidbody",给选中的四个对象添加刚体,并设置刚体质量(Mass)为 200,使火箭盒降落下来与地面的集装箱等物体产生碰撞时,能推开这些物体,如图 5-3 所示。

图 5-3 添加刚体及碰撞体

3)按照步骤 2)的操作方法,给火箭周边的集装箱添加刚体和碰撞体,并将其质量设置为 20，如图 5-4 所示。

图 5-4　给火箭周边的集装箱等添加刚体和碰撞体

4）按照步骤 3）操作方法，依次给火箭周边其他的集装箱等物体添加刚体和碰撞体，同时设置刚体的质量，效果如图 5-5 所示。

图 5-5　给其他的集装箱添加刚体和碰撞体

5）运行游戏。火箭发射成功并运行一段时间后会返回地面，当火箭返回地面撞击到周边的集装箱后会发生碰撞，效果如图 5-6 所示。

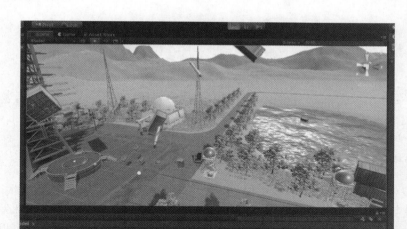

图 5-6　火箭与物体碰撞效果

※任务总结

在本任务中我们学习了刚体的特性、刚体的添加方法等知识，为后面的具体实施操作做了准备。

※自我评价

请同学们将表 5-1 的内容补充完整，并讨论交流学习过程。

表 5-1　自我评价表

知识与技能点	你的理解	掌握程度
刚体的特性		
刚体的添加及设置方法		

任务二　设置物体的碰撞体物理属性

※任务情境

火箭在上升到一定高度后，一级火箭燃料耗尽后会与主体分离，分离的一级火箭会落到回收区域。怎么实现分离和落地效果呢？

设置物体的碰撞体
物理属性

任务目标

任务一学习了刚体的主要属性和使用方法，本任务要学习的是碰撞体（Collider）的相关知识。碰撞体在 Unity 内置物理引擎中起着很重要的作用，理解碰撞体的原理和概念，掌握碰撞体的使用技巧，对于 Unity 游戏开发引擎的学习是十分重要的。

任务分析

火箭发射到空中，完成飞行任务后返回地面时会与地面的物体发生碰撞。当火箭与物体发生碰撞时，会产生一些碰撞效果。本项目的任务一已经讲解了当物体发生碰撞时需要有刚体，而物体之间是否相互发生了碰撞则需要通过碰撞体来检测。可根据需要添加物体的碰撞体，实现物体的碰撞效果检测。

知识准备

1. 碰撞体

碰撞体组件定义物体的形状以用于实现对象的物理碰撞，因为碰撞体在游戏中不可见，所以不要求它必须与对象的网格具有完全相同的形状，实际中，粗略地近似通常更有效。在实际的开发中，用户通常将 Unity 内置的简单碰撞体进行组合，形成复合的碰撞体。通过仔细定位和尺寸调整，复合碰撞体既可以很好地模仿物体的形状，又可以维持较低的处理器消耗。

（1）碰撞体的分类

1）Box Collider：盒体碰撞体。

2）Sphere Collider：球体碰撞体。

3）Capsule Collider：胶囊碰撞体。

4）Mesh Collider：风格碰撞体。

5）Wheel Collider：车轮碰撞体。

6）Terrain Collider：地形碰撞体。

（2）碰撞体的基本规则

简单来说，碰撞体就是物体对象的骨骼，物体之间发生碰撞实质是物体之间的碰撞体进行碰撞，并且碰撞体和刚体之间存在一种必然的关联。

（3）刚体与碰撞体的区别

1）刚体控制物体的受力和运动。

2）碰撞体控制物体与物体接触后的应用状态，即碰撞发生和穿过等不同的状态。

2. 碰撞检测

在两个同时拥有了刚体和碰撞体的物体之间可以发生真实的碰撞效果，并且可以通过某些碰撞检测的方法来确认它们是否发生了碰撞。

（1）碰撞检测事件（Collision）

碰撞检测事件可以分为以下三种。

1）OnCollisionEnter：碰撞进入或者发生，当碰撞开始时调用一次。

2）OnCollisionExit：碰撞结束或者离开碰撞体的区域，当碰撞结束时调用一次。

3）OnCollisionStay：碰撞维持、碰撞进行中，会持续发生碰撞。

（2）碰撞检测函数的参数

碰撞检测函数的参数 Collision 代表碰撞者，属于一个类，用于传递消息，可以通过以下方法取得相关信息：

1）Collision.GameObject 属性：获取碰撞者的物体属性。

2）Collision.GameObject.name 属性：获取碰撞者的属性名字。

3．触发器（Trigger）

触发器是 Collider 中的一种特殊形式。使用触发器时，需要选中 Collider 属性面板中的"Is Trigger"复选框，并且只能作为触发器使用，不能做碰撞检测。触发器的触发事件为：

1）OnTriggerEnter（Collider coll）：在进入 Collider 时触发一次。

2）OnTriggerExit（Collider coll）：在离开 Collider 时触发一次。

3）OnTriggerStay（Collider coll）：在 Collider 区域中持续触发。

任务实施

1．给"分解火箭"对象、集装箱等物体增加刚体及碰撞体

1）打开项目文件"Rocket_Course"，在 Hierarchy 视图中选择"分解火箭"预制体对象中的子对象"JXarHT_CZ2HF_2"，如图 5-7 所示。

图 5-7 选择"JXarHT_CZ2HF_2"对象

2）在 Inspector 视图中单击"Add Component"按钮，在弹出的内容列表中选择"Physics"，如图 5-8 所示。

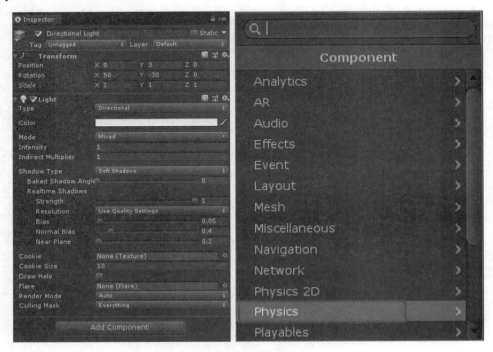

图 5-8　添加组件列表

3）进入"Physics"选择"Capsule Collider"选项，给选中的"JXarHT_CZ2HF_2"对象添加胶囊碰撞体，如图 5-9 所示。

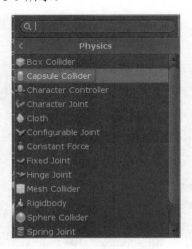

图 5-9　添加胶囊碰撞体

4）修改碰撞体的 Radius（半径）、Height（高度）及 Direction（方向），使碰撞体与"JXarHT_CZ2HF_2"对象大小刚好合适，如图 5-10 所示。

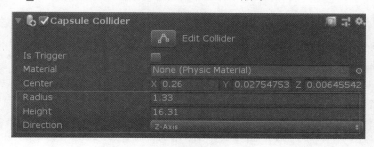

图 5-10　调整碰撞体尺寸

5）参考步骤 4），依次给"JXarHT_CZ2HF_3""JXarHT_CZ2HF_4""JXarHT_CZ2HF_5"三个对象添加碰撞体，同时修改碰撞体的 Radius、Height 及 Direction。

特别提示：相同属性的组件，可以通过"Copy Component（复制组件）→Paste Component As New（粘贴组件）"的方法来实现。

2．给集装箱及周边的物品添加盒体碰撞体

1）在 Hierarchy 视图中选择"集装箱"预制体对象中的子对象 Container001(3)，在 Inspector 视图中单击"Add Component"按钮，选择"Physics→Box Collider"选项，给选中的"Container001(3)"对象添加盒体碰撞体，如图 5-11 所示。

图 5-11　给集装箱添加盒体碰撞体

2）参考步骤1），依次给集装箱周边的物品添加碰撞体。

≫任务总结

本任务主要学习了碰撞体的概念、碰撞体的分类、碰撞检测、触发器及其用法，以及如何通过碰撞体进行碰撞检测并通过触发器触发事件。

≫自我评价

请同学们将表5-2的内容补充完整，并讨论交流学习过程。

表5-2 自我评价表

知识与技能点	你的理解	掌握程度
碰撞体的分类		
碰撞检测事件		
触发器的触发事件		

课 后 习 题

一、选择题

1．在 Unity 开发中，玩家角色的碰撞体通常是（   ）。
   A．Box Collider   B．Capsule Collider
   C．Sphere Collider   D．Wheel Collider
2．物理材质用于调整碰撞物体的（   ）效果。
   A．摩擦力   B．弹跳   C．重力   D．摩擦力和弹跳
3．（   ）适用于门、链条、钟摆等。
   A．Fixed Joint   B．Hinge Joint   C．Spring Joint   D．以上都正确

二、填空题

1．_____引擎是目前使用最为广泛的物理运算引擎之一，Unity 的物理系统强大也是因为 Unity 内置该物理引擎。
2．_____组件是物体启用物理行为的主要组件。
3．Unity 内置的原始碰撞器可以分为两大类：_____和_____。

三、实战题

新建一个场景和物体，为其添加碰撞体和刚体，并实现碰撞触发事件。

项目六　火箭控制——VR 动画制作

学习目标

1）理解动画系统。
2）掌握插件的导入方法。
3）掌握插件的设置方法。
4）了解自动寻路。
5）理解脚本基础。
6）掌握动画控制的脚本。

项目导入

　　运载火箭没有驾驶员和领航员，其承担的将物体准确送达目的地的任务，是由火箭控制系统完成的。火箭控制系统主要包括导航系统、姿态控制系统、电源配电系统和测试检查发射控制系统。前三个系统安装在火箭上，通常叫火箭的飞行控制系统；测试检查发射控制系统则安装在地面上。它们是一个整体，共同对火箭的发射过程实施控制。我国正在研制"智慧火箭"技术。该技术是将智能技术引入导航、制导及控制等各个任务环节，使运载火箭变得更加聪明、自主，对复杂环境和突发状况具备更强的主动适应能力，从而在更大程度上确保完成任务。

　　本项目中，玩家可以通过 VR 眼镜的头显观看场景，通过扳机触发检测物品，通过扣动扳机触发火箭发射程序，实施火箭发射。

项目分析

　　在本项目中玩家通过 VR 设备对火箭进行控制，当扣动板机时，火箭开始发射。根据分析，本项目的实现需要首先导入 VR 插件，其次要对插件进行设置，最后要在设置好插件的参数后编写脚本，以实现插件的应用。也就是说，通过扳机对火箭进行控制：当手柄对焦到相应物体时，显示相应的物体名称；当手柄对焦到火箭时，扣动扳机触发火箭发射程序，倒计时 10 秒后火箭点火发射。本项目实施流程如图 6-1 所示。

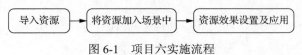

图 6-1　项目六实施流程

任务一 VR 插件导入及设置

⁂ 任务情境

　　虚拟现实应用程序的可视部分已经制作完成，紧接着我们要制作的是控制部分，这部分要结合硬件设备完成，要准备哪些资源呢？

VR 插件导入及设置

⁂ 任务目标

　　本任务是在项目五的基础上导入并设置 VR 插件，使扣动扳机能控制火箭的发射，当手柄对准物品时能显示相应物品的名称，为后续任务做准备。

⁂ 任务分析

　　根据目标分析，项目要实现 VR 功能，需要导入 VR 插件，并设置好插件的参数。

⁂ 知识准备

1. 插件

　　Unity 插件是一款针对 Unity 开发平台的辅助组件，游戏制作者可以通过直接调用这些插件快速制作出一款精美的游戏。对于游戏制作者来说，Unity 插件是必不可少的，能够有效地减少游戏制作中烦琐的重复工作，极大地提高制作效率。

2. 相机

　　相机（Camera）是为玩家捕捉并展示世界的一种设备，通过自定义和操作相机，可以使游戏演示真正与众不同。一个场景中可以使用无数台相机，这些相机可以设置在屏幕的任何位置或只在某些部位按任何顺序进行渲染。

　　要将游戏呈现给玩家，相机是必不可少的。可以通过对相机进行自定义、脚本化或父子化，从而实现想要得到的任何效果。在拼图游戏中，可以让相机处于静止状态，以看到拼图的全视图。在第一人称射击游戏中，可以将相机父子化至玩家角色，并将其放置在与角色眼睛等高的位置。在竞速游戏中，也可以让相机追随玩家的车辆。

⁂ 任务实施

　　1）打开项目文件"Rocket_Course"，选择本项目的素材资源包"SteamVR.unitypackage"，单击"Import"按钮，导入本任务需要的插件，如图 6-2 所示。

图 6-2 导入资源包

2）把游戏场景加载进 Unity 中，如图 6-3 所示。

图 6-3 加载游戏场景

3）复制 Player（玩家）组件，实现 VR 功能。打开步骤 1）导入的资源包，到 Project 视图的文件路径 "Assets→SteamVR→InteractionSystem→Samples" 下找到场景文件 "Interactions_Example"，打开场景；在 Hierarchy 视图中找到 Player 组件（图 6-4），并复制 Player 组件，实现 VR 功能。

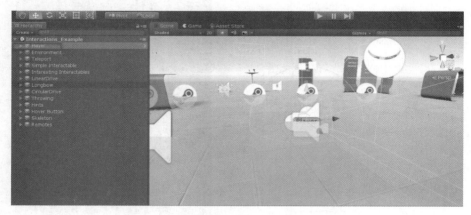

图 6-4　复制 Player 组件

4）返回游戏场景 Sample Scene，在 Hierarchy 视图中粘贴 Player 组件（图 6-5），同时删除 Player 以外的所有 Camera 组件。

图 6-5　粘贴 Player 组件

5）在 Hierarchy 视图中选中 Player 对象，在 Scene 视图中调整 Player 位置，使其位置恰当。至此，VR 插件导入完毕。

※任务总结

本任务主要学习了 VR 插件的概念、插件的来源，以及 Camera 组件的功能，为后期工作做好准备。

※自我评价

请同学们将表 6-1 的内容补充完整，并讨论交流学习过程。

表 6-1　自我评价表

知识与技能点	你的理解	掌握程度
VR 插件的获取方法		
Camera 组件的功能		
Player 组件的功能		

任务二　动画基础设置

※任务情境

动画基础设置

火箭点火并上升后，喷射着火焰向预定方向前进，我们在观看的时候可以通过移动手柄来寻找火箭的位置，在设计中是如何实现的呢？

※任务目标

火箭发射会经历点火及上升的过程，在游戏场景中，可通过移动手柄来寻找火箭的位置。寻找火箭位置的过程需要在地面进行寻路。本任务主要实现通过扣动扳机来完成寻路过程，实现火箭寻找，并且在找到火箭后，可通过扣动扳机操作完成火箭发射整个动画过程的动画基础设置。

※任务分析

玩家戴上头盔时，会在路面上进行探索，当探索到物品时会提示该物品的名字；当探索到火箭时，扣动扳机，会触发火箭发射。火箭正式发射前会发出声音，倒计时 10 秒后启动火箭发射程序，接下来便会同时发出发射声音和喷射烟雾。根据任务目标分析，此时需要设置火箭发射的动画系统效果。

※知识准备

1. 动画系统

Unity 有一个丰富而复杂的动画系统，其功能包括动画重定向、运行时对动画权重的完全控制、动画播放中的事件调用、复杂的状态机层级视图（图 6-6）和过渡、面部动画的混合形状等。具体来说，该系统具有以下功能。

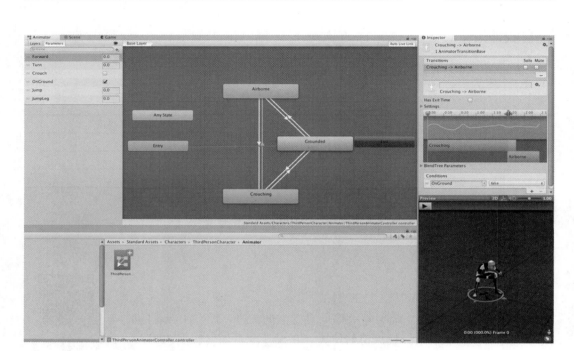

图 6-6　Animator 窗口中的动画状态机典型视图

1）为 Unity 的所有元素（包括对象、角色和属性）提供简单工作流程和动画设置。

2）支持导入动画的剪辑以及 Unity 内创建的动画。

3）人形动画重定向，即能够将动画从一个角色模型应用到另一个角色模型。

4）对齐动画剪辑的简化工作流程。

5）方便预览动画剪辑以及它们之间的过渡和交互，使动画师与工程师之间的工作更加独立，动画师能够在挂入游戏代码之前为动画构建原型并进行预览。

6）提供可视化编程工具来管理动画之间的复杂交互。

7）以不同逻辑对不同身体部位进行动画化。

8）分层和遮罩。

2. 动画工作流程

Unity 的动画工作流程基于"动画剪辑"的概念，包含着某些对象如何随时间改变其位置、旋转或其他属性的信息。每个剪辑都可以视为单个线性记录。外部来源的动画剪辑或是由艺术家或动画师使用第三方工具（如 Autodesk®3ds Max®或 Autodesk®Maya®）创建的，或者来自运动捕捉工作室等其他机构。可以将动画剪辑组织成一个结构化的类似于流程图的系统，称为"动画控制器"。该动画控制器充当着状态机中的内容，能够跟踪当前正在播放的那个剪辑，以及何时应将动画更改或融合在一起。

3. 导航系统

导航系统允许使用由场景几何体自动创建的导航网格（Navigation Mesh，缩写为NavMesh）来创建可在游戏世界中智能移动的角色。动态障碍物可在运行时更改角色的导航，而网格外链接（Off Mesh Link）可构建特定动作，如打开门或从窗台跳下。本部分将详细介绍 Unity 的导航系统，如图 6-7 所示。

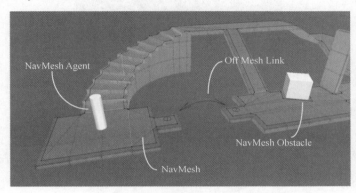

图 6-7 Unity 的导航系统

Unity 的导航系统可创建能够在游戏世界中导航的角色。该系统让角色能够理解自身需要走楼梯才能到达二楼或跳过沟渠。Unity 导航系统包含以下部分：

1）导航网格：是一种数据结构，用于描述游戏世界的可行走表面，并允许在游戏世界中寻找从一个可行走位置到另一个可行走位置的路径。该数据结构是由关卡几何体自动构建或烘焙的。

2）导航网格代理（NavMesh Agent）组件：可创建在朝目标移动时能够彼此避开的角色。代理使用导航网格来推断游戏世界，并知道如何避开彼此以及移动的障碍物。

3）网格外链接组件：允许合并无法使用可行走表面来表示的导航捷径。例如，跳过沟渠或围栏，或在通过门之前打开门，全都可以描述为网格外链接。

4）导航网格障碍物（NavMesh Obstacle）组件：可用于描述代理在世界中导航时应避开的移动障碍物。由物理系统控制的木桶或板条箱便是障碍物的典型例子。障碍物正在移动时，代理将尽力避开它，但是障碍物一旦变为静止状态，便会在导航网格中雕刻一个孔，从而使代理能够改变自己的路径来绕过它，或者如果静止的障碍物阻挡了路径，则代理可寻找其他不同的路线。

▓ 任务实施

1）设置"火箭"对象。火箭残骸从天上掉落下来时，发射升空的火箭需要消失，而显示"分解火箭"对象时，需要一个 GameObject（游戏对象）来承载。打开项目文件"Rocket_Course"，在 Hierarchy 视图中添加一个空物体对象，命名为"rocket"，将"火箭"对象移动到"rocket"对象下作为"rocket"对象的子对象，如图 6-8 所示。

图 6-8　设置"火箭"对象

2）制作 VR 漫游 road（地面）。在 Hierarchy 视图中，单击选中"road"对象，按 Ctrl+D 组合键进行复制粘贴操作，复制出一个 road（1），如图 6-9 所示。

图 6-9　复制地面

3）制作地面移动反馈标识。在 Project 视图的文件路径"Assets→SteamVR→InteractionSystem→Samples"下找到场景文件 Interactions_Example 并打开；在 Hierarchy 视图中找到 Teleport（传送）组件并复制，如图 6-10（a）所示。返回游戏场景 SampleScene，在 Hierarchy 视图中粘贴刚才复制的 Teleport 组件，如图 6-10（b）所示。

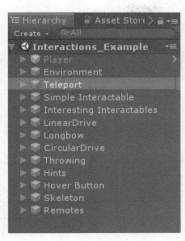
（a）

（b）

图 6-10　制作地面移动反馈标识

4）绑定设备。第一次运行设备时，需要对设备进行绑定，其操作方法如下：单击播放按钮，弹出绑定窗口，单击"Save and generate"（保存并生成）按钮，如图 6-11 所示。

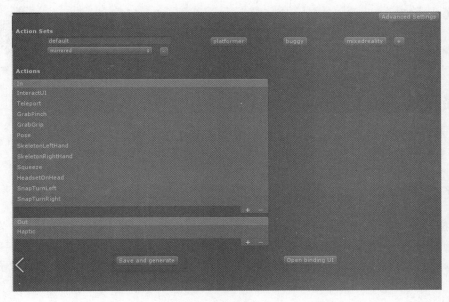

图 6-11　绑定设备

至此，动画基础设置完成。

※ 任务总结

本任务主要学习了动画系统的功能、导航系统的内容，以及寻路导航系统的功能和应用。

※ 自我评价

请同学们将表 6-2 的内容补充完整，并讨论交流学习过程。

表 6-2　自我评价表

知识与技能点	你的理解	掌握程度
动画系统的功能		
导航系统的内容		
寻路导航系统的功能和应用		

任务三　脚本制作实现发射动画

※ 任务情境

真实的火箭点火发射是由航天控制中心来完成的，在我们的项目中，点火发射必须由手柄控制完成，在设计中是如何实现的呢？

脚本制作实现
发射动画

※ 任务目标

在本项目任务二的基础上完成脚本编写实现漫游功能：通过手柄的扳机去发射火箭，火箭发射的过程会触发声音系统、粒子系统等。

※ 任务分析

根据研究讨论，本任务首先需要实现手柄的扳机触发，当手柄扳机触发后，发出 10 秒倒计时指令，当 10 秒倒计时指令结束后点火发射火箭，并在火箭发射的同时喷出火焰及烟雾粒子效果，所以需要编写脚本，播放火箭本身的动画，播放火焰及烟雾粒子组件。

※ 知识准备

1. 脚本的概念

脚本是多数使用 Unity 开发引擎的应用程序必不可少的组成部分。大多数应用程序都需要脚本来响应玩家的输入并安排游戏过程中应发生的事件。除此之外，脚本还可用于创建图形效果，控制对象的物理行为。

2. 创建脚本和使用脚本

游戏对象的行为由附加的组件控制。虽然 Unity 的内置组件用途很广泛，但它必须通过超越组件可提供的功能来实现自己的游戏功能。Unity 允许使用脚本来自行创建组件。使用脚本可以触发游戏事件，随时修改组件属性，并以所需的任何方式响应用户的输入。

Unity 本身支持 C#编程语言。C#是一种类似于 Java 或 C++的行业标准语言。

除此之外，许多其他.NET 语言只要能编译兼容的 DLL，就可以用于 Unity。

（1）创建脚本

与大多数其他资源不同，脚本通常直接在 Unity 中创建。可以从 Project 视图上方的 Create 菜单新建脚本，也可以通过从主菜单选择"Assets→Create→C#Script"选项来新建脚本，如图 6-12 所示。

此时可在从 Project 视图中选择的任何文件夹内创建新脚本。新脚本文件的名称会处于选中状态，提示输入新名称。输入新脚本的名称，以用于在文件中创建初始文本。

图 6-12 新建脚本

（2）脚本文件的剖析

双击 Unity 中的脚本资源，在文本编辑器中打开此脚本。默认情况下，Unity 会使用 Visual Studio，也可从 Unity 偏好设置（选择"Edit→Preferences"选项）中的 External

Tools 标签列表中选择所需的任何编辑器，如图 6-13 所示。

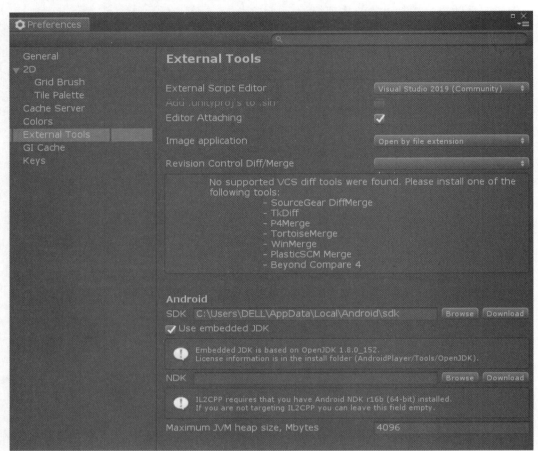

图 6-13　设置脚本编辑器

脚本编辑器的初始内容如下所示。

```
using System.Collections;
using System.Collections.Generic;
using UnityEngine;

public class NewBehaviourScript : MonoBehaviour
{
    // Start is called before the first frame update
    void Start()
    {
```

```
    }

    // Update is called once per frame
    void Update()
    {

    }
}
```

（3）控制游戏对象

如上所述，脚本只定义了组件的蓝图，因此在将脚本实例附加到游戏对象之前，不会激活任何代码。为了附加脚本，可将脚本资源拖拽至层级视图中的游戏对象或当前选定游戏对象的检视视图。Component 菜单上还有一个 Script（脚本）子菜单，其中包含项目中可用的所有脚本，包括自定义的脚本。脚本实例看起来很像检视视图中的所有其他组件。

3. 重要的类

（1）GameObject

Unity 的 GameObject 类用于表示任何可以存在于场景中的事物。

GameObject 是 Unity 中场景的构建块，可以充当用于确定 GameObject 外观及作用的功能组件的容器。

在脚本编写中，GameObject 类提供了允许在代码中使用的方法的集合，包括查找、建立连接和在 GameObject 之间发送消息，添加或移除附加到 GameObject 的组件，以及设置与其在场景中的状态相关的值。

（2）MonoBehaviour

MonoBehaviour 类是一个基类，所有 Unity 脚本都默认派生自该类。当从 Unity 的项目窗口创建一个 C# 脚本时，它会自动继承 MonoBehaviour，并提供模板脚本。

任务实施

1）打开项目文件"Rocket_Course"，到 Project 视图的文件路径"Assets→SteamVR→Scripts"下，如图 6-14 所示，创建名为"VR_Controller"的脚本文件。

图 6-14　创建脚本文件

2）双击打开"VR_Controller"文件编写脚本，具体编写内容如下。

```
using System.Collections;
using System.Collections.Generic;
using UnityEngine;
using Valve.VR;
using Valve.VR.Extras;
using Valve.VR.InteractionSystem;
public class VR_Controller : MonoBehaviour
{
    private PointerEventArgs pointerEventArgs;
    public SteamVR_LaserPointer SteamVrLaserPointer;
    public SteamVR_Behaviour_Pose pose;
    public SteamVR_Action_Boolean touch;
    public SteamVR_Action_Boolean press;
    public SteamVR_Action_Vector2 touchPos;
    public event PointerEventHandler PointerIn;
    public event PointerEventHandler PointerOut;
    public event PointerEventHandler PointerClick;

    //火箭本身动画组件，需要 Play 播放
    public Animation huojian;
    //从天上掉落下来的火箭残骸，需要在火箭发射的时候显示
    public GameObject huojianfenjie;
    //火箭发射的声音，在火箭发射时播放发射火箭声音
    public AudioSource FaShe_Audio;
    //火箭发射时喷火的声音，在火箭发射时播放火箭喷火的声音
    public AudioSource penhuo_Audio;
    //火箭发射的烟雾，在火箭发射时播放火箭喷烟雾的效果
    public GameObject FX;
    // Start is called before the first frame update
    void Start()
    {
        //这些是按钮的定义触发反馈
        SteamVrLaserPointer.PointerClick += SteamVrLaserPointer_PointerClick;
//扣动扳机的触发反馈，会有射线检测是否指着物体，比如指着火箭扣动扳机的话，就会触发反馈
        SteamVrLaserPointer.PointerIn += SteamVrLaserPointer_PointerIn;
        SteamVrLaserPointer.PointerOut += SteamVrLaserPointer_PointerOut;
        touch.onChange += Touch;
        press.onStateDown += Press;
```

```
            press.onStateUp += PressRelease;
            touchPos.onAxis += TouchPostion;
        }


        private  void  SteamVrLaserPointer_PointerClick(object  sender,
PointerEventArgs e)
        {
            Debug.Log(">>>>1");
            if (e.target.gameObject.name == "火箭")//判断是否扣动火箭发射的
扛机
            {
                huojian.Play();//播放火箭发射动画的过程
                huojianfenjie.SetActive(true);//显示分解的物体
                FaShe_Audio.Play();//播放发射的音效
                penhuo_Audio.Play();
                FX.SetActive(true);//这是烟雾特效
                StartCoroutine(del_huojian());//用一个协程。时间到达之后删除物
体，如需要重复观看的话，请重新运行。


            }
            Debug.Log(e.target.gameObject.name);
        }
        IEnumerator del_huojian()
        {
            yield return new WaitForSeconds(50);
            Destroy(huojian);
        }
        private void Touch(SteamVR_Action_Boolean fromAction, SteamVR_Input_
Sources fromSource, bool newState)
        {
            Debug.Log("触摸");
        }


        private void Press(SteamVR_Action_Boolean fromAction, SteamVR_Input_
Sources fromSource)
        {
            Debug.Log("手指点击圆盘");
        }
```

```
        private void PressRelease(SteamVR_Action_Boolean fromAction, SteamVR_
Input_Sources fromSource)
        {
            Debug.Log("圆盘点击键返回");
        }

        private void TouchPostion(SteamVR_Action_Vector2 fromAction, SteamVR_
Input_Sources fromSource, Vector2 axis, Vector2 delta)
        {
            Debug.Log("位置:" + axis);
        }
        private void SteamVrLaserPointer_PointerIn(object sender,
PointerEventArgs e)
        {
          // Debug.Log(">>>>2");
           // Debug.Log(e.target.gameObject.name);
        }
        private void SteamVrLaserPointer_PointerOut(object sender,
PointerEventArgs e)
        {
            Debug.Log(">>>>3");
            Debug.Log(e.target.gameObject.name);
        }
        // Update is called once per frame
        void Update()
        {


        }
    }
```

3）将脚本文件绑定到 Player 组件的 RightHand（右手手柄）组件上，如图 6-15 所示。

图 6-15　绑定脚本到 RightHand 组件

4）参考步骤 3）将脚本绑定到 Player 组件的 LeftHand（左手手柄），如图 6-16 所示。

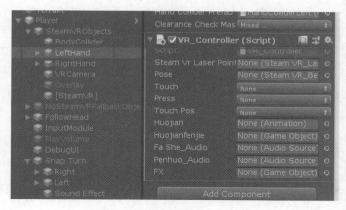

图 6-16　绑定脚本到 LeftHand 组件

5）编写脚本实现 VR 地面漫游。先到 Project 视图的文件路径"Assets→SteamVR→Scripts"下创建名为"TeleportArea"的脚本文件，然后双击打开"TeleportArea"脚本文件编写脚本，具体编写内容如下。

```
//======= Copyright (c) Valve Corporation, All rights reserved.
===============
//
// Purpose: An area that the player can teleport to
//
//====================================================================

using UnityEngine;
#if UNITY_EDITOR
using UnityEditor;
#endif

namespace Valve.VR.InteractionSystem
{
    //--------------------------------------------------------------
    public class TeleportArea : TeleportMarkerBase
    {
        //Public properties
        public Bounds meshBounds { get; private set; }

        //Private data
        private MeshRenderer areaMesh;
```

```
          private int tintColorId = 0;
          private Color visibleTintColor = Color.clear;
          private Color highlightedTintColor = Color.clear;
          private Color lockedTintColor = Color.clear;
          private bool highlighted = false;

          //-----------------------------------------------
          public void Awake()
          {
              areaMesh = GetComponent<MeshRenderer>();

              tintColorId = Shader.PropertyToID( "_TintColor" );

              CalculateBounds();
          }


          //-----------------------------------------------
          public void Start()
          {
              visibleTintColor =
Teleport.instance.areaVisibleMaterial.GetColor( tintColorId );
              highlightedTintColor =
Teleport.instance.areaHighlightedMaterial.GetColor( tintColorId );
              lockedTintColor =
Teleport.instance.areaLockedMaterial.GetColor( tintColorId );
          }


          //-----------------------------------------------
          public override bool ShouldActivate( Vector3 playerPosition )
          {
              return true;
          }


          //-----------------------------------------------
          public override bool ShouldMovePlayer()
          {
              return true;
```

```
        }


        //-----------------------------------------------
        public override void Highlight( bool highlight )
        {
            if ( !locked )
            {
                highlighted = highlight;

                if ( highlight )
                {
                    areaMesh.material =
Teleport.instance.areaHighlightedMaterial;
                }
                else
                {
                    areaMesh.material =
Teleport.instance.areaVisibleMaterial;
                }
            }
        }


        //-----------------------------------------------
        public override void SetAlpha( float tintAlpha, float
alphaPercent )
        {
            Color tintedColor = GetTintColor();
            tintedColor.a *= alphaPercent;
            areaMesh.material.SetColor( tintColorId, tintedColor );
        }


        //-----------------------------------------------
        public override void UpdateVisuals()
        {
            if ( locked )
            {
                areaMesh.material =
```

```
Teleport.instance.areaLockedMaterial;
                }
                else
                {
                    areaMesh.material =
Teleport.instance.areaVisibleMaterial;
                }
            }


        //------------------------------------------------
        public void UpdateVisualsInEditor()
        {
            if (Teleport.instance == null)
                return;

            areaMesh = GetComponent<MeshRenderer>();

            if ( locked )
            {
                areaMesh.sharedMaterial =
Teleport.instance.areaLockedMaterial;
            }
            else
            {
                areaMesh.sharedMaterial =
Teleport.instance.areaVisibleMaterial;
            }
        }


        //------------------------------------------------
        private bool CalculateBounds()
        {
            MeshFilter meshFilter = GetComponent<MeshFilter>();
            if ( meshFilter == null )
            {
                return false;
            }
```

```
        Mesh mesh = meshFilter.sharedMesh;
        if ( mesh == null )
        {
            return false;
        }

        meshBounds = mesh.bounds;
        return true;
    }


    //-------------------------------------------------
    private Color GetTintColor()
    {
        if ( locked )
        {
            return lockedTintColor;
        }
        else
        {
            if ( highlighted )
            {
                return highlightedTintColor;
            }
            else
            {
                return visibleTintColor;
            }
        }
    }
}


#if UNITY_EDITOR
    //-----------------------------------------------------------
    [CustomEditor( typeof( TeleportArea ) )]
    public class TeleportAreaEditor : Editor
    {
        //-------------------------------------------------
        void OnEnable()
```

```
        {
            if ( Selection.activeTransform != null )
            {
                TeleportArea teleportArea =
Selection.activeTransform.GetComponent<TeleportArea>();
                if ( teleportArea != null )
                {
                    teleportArea.UpdateVisualsInEditor();
                }
            }
        }


        //------------------------------------------------
        public override void OnInspectorGUI()
        {
            DrawDefaultInspector();

            if ( Selection.activeTransform != null )
            {
                TeleportArea teleportArea =
Selection.activeTransform.GetComponent<TeleportArea>();
                if ( GUI.changed && teleportArea != null )
                {
                    teleportArea.UpdateVisualsInEditor();
                }
            }
        }
    }
#endif
}
```

6）将脚本文件挂载到 road 副本"road（1）"对象上，如图 6-17 所示。

图 6-17　挂载脚本到"road （1）"对象

7）单击播放按钮，预览效果，如图 6-18 所示。

图 6-18 播放预览效果

※任务总结

本任务主要学习了脚本的概念、脚本的创建与使用方法，以及一些重要的类。

※自我评价

请同学们将表 6-3 的内容补充完整，并讨论交流学习过程。

表 6-3 自我评价表

知识与技能点	你的理解	掌握程度
脚本的概念		
脚本的创建与使用方法		
重要的类		

课 后 习 题

一、选择题

1．下列关于 Unity 编程的说法中，错误的是（　　）。
   A．在 Unity 中，有两种编程语言，分别是 C#和 JavaScript
   B．公有类名和脚本的名字要保持一致
   C．Start 函数中的内容将会在一开始就被执行
   D．Update 函数在用户每次操作时调用
2．下列关于 Unity 编程的说法中，错误的是（　　）。
   A．脚本需要挂载在 GameObject 上才能运行
   B．使用控制台是调试程序的一个好办法
   C．GameObject 与 gameobject 不同，前者表示当前脚本所挂载的游戏对象，后者表示游戏对象类
   D．GameObject.Find 方法的功能是用来获取其他对象

二、填空题

1．Unity 编程中，Start 的作用是＿＿＿＿＿＿＿＿＿＿＿＿＿＿＿＿＿＿。
2．Unity 编程中，Update 的功能是＿＿＿＿＿＿＿＿＿＿＿＿＿＿＿＿＿。
3．This.transform.Rotate(2,0,0)的功能是＿＿＿＿＿＿＿＿＿＿＿＿＿＿＿。

三、实战题

编写脚本，并通过实例化的方法创建一个小球对象。

项目七　遨游太空——实战开发

学习目标

1）掌握资源导入的方法。
2）掌握场景搭建和构建的方法。
3）理解加载的方法。
4）会操作手柄绑定。
5）学会脚本编写。

项目导入

无垠的太空是人类共同的财富，探索太空是人类的共同追求。中国载人航天的最终目的是开发和利用空间资源，建造长期有人照料的空间站，使航天员和科学家能直接对行星进行考察和开发。神舟系列飞船是中国自行研制、具有完全自主知识产权、达到或优于国际第三代载人飞船技术的飞船，主要用于空间站在轨运行期间的乘员运输。神舟飞船通常由三舱一段，即返回舱、轨道舱、推进舱和附加段构成，包含 13 个分系统。与国外第三代飞船相比，神舟飞船具有起点高、具备留轨利用能力等特点。

本项目所实现的场景为 3D 太空场景，其中有一些具体的 3D 物体作为细节部分，玩家可以通过 3D 眼镜观看太空场景。玩家坐在太空飞船上遨游太空，当手柄选中相应的天体时，UI（UserInterface，用户界面）显示该天体的介绍，离开该天体时介绍则会消失。在整个游戏运行过程中，摄像机会随时调整位置以适应整个场景效果的需要。

项目分析

本项目是要通过 VR 设备实现太空遨游，根据分析，首先需要导入太空飞船模型、太阳系模型、行星贴图等；其次需要实现 VR 漫游功能，导入 VR 插件；最后需要对插件进行设置，并在设置好插件的参数后编写脚本实现插件的应用，即通过手柄对太空飞船进行控制。当手柄对焦到相应天体时，显示相应的介绍。本项目实施流程如图 7-1所示。

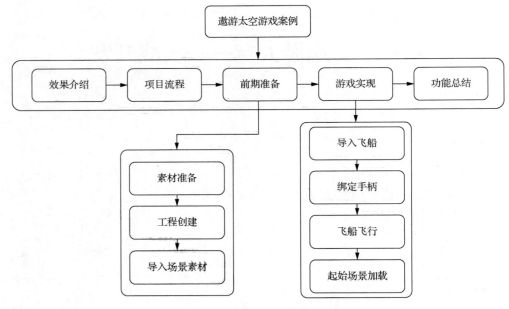

图 7-1　项目七实施流程

任务一　创建工程和场景

▓任务情境

创建工程和场景

火箭发射成功，飞船进入了太空；太空星星点点，那些是各种类型的天体，我们将开启新旅程——认识太阳系八大行星。

▓任务目标

太空遨游的场景包含了整个太阳系八大行星，同时还有一些矮行星和卫星。玩家乘坐太空飞船去遨游太空，当手柄选择某一天体时，UI 显示该天体的介绍。

▓任务分析

根据研究讨论，本任务首先需要创建一个工程，然后需要在工程中创建一个包含太阳系八大行星及太空飞船的场景，所以需要导入太阳系模型、太空飞船模型的资源包。

※ 知识准备

1. 导入

导入是将源文件载入 Unity 编辑器进行处理的过程。将文件保存或复制到项目的 Assets 中时，Unity 将导入该文件，从而可以在编辑器中使用该文件。了解一些将资源导入 Unity 的基础知识，如文件在项目中的存储位置、如何调整每种资源的导入设置、源文件的作用及资源数据库如何存储导入的数据等，是很重要的。

2. 创建

一旦将一些资源导入项目中，就可以开始创建游戏或应用。这通常涉及将资源作为游戏对象放置到一个或多个场景中，并添加脚本来控制用户与它们的交互。

随着项目开发的推进，可能需要将资源分成不同的组，这样游戏就可以在运行时逐步下载选定的额外内容。在创建过程中，可以决定如何将资源分组为单独的包，并选择何时加载它们的代码。可以通过减少初始下载的大小，并在之后运行时加载其他资源，来管理游戏或应用的下载文件大小和内存使用情况。推荐的方法是使用 Unity 的 Addressables（可寻址）系统。

3. 构建（Build）

构建是指将完成的项目导出为二进制文件，然后可在平台上分发和运行这些文件。例如，在为 Windows 构建时，Unity 将生成一个.exe 文件，以及一些随附的数据文件，然后可以分发这些文件。如果使用 Addressables 或 Asset Bundles（资源包）将资源分组为单独的下载包，还需要构建这些包文件以进行分发。

既可以在自己的计算机上构建项目，也可以使用 Unity 的 Cloud Build（云构建）服务，它可为 Unity 项目提供自动构建生成和持续集成服务。

4. 分发

在完成游戏或应用及其内容包的构建后，用户需要一种方式对其进行访问。分发方法的选择取决于目标平台。例如，移动平台有自己的应用商店，既可以使用专业发布商，也可以在自己的服务器上托管。

5. 加载

当用户加载和使用游戏或应用时，可以通过设置规则和编程、对资源进行分组和打包的方式，为用户提供其所需的体验和内容。结合使用此处描述的技术和服务，可以提供快速的初始下载，并在项目的整个生命周期内推出持续更新和额外内容。

✖ 任务实施

1）打开 Unity 2018.3.9f1，创建一个 3D 游戏工程，工程名为"Space travel"，同时保存场景文件为"Space travel"。

2）导入本案例中需要的素材资源。此时需要的素材资源（太阳系、场景细节等）已经分类打包好，只需要将其导入即可。在 Assets 中右击，从弹出的快捷菜单中选择"Import Package→Custom Package"选项，导入"项目七\素材\资源包"，此时会在 Assets 中显示包括 FX、model 等文件夹的资源列表，如图 7-2 所示。

图 7-2　资源导入

3）导入飞船模型及贴图。将本项目素材 FBX 文件夹中的 T50 拖拽至 model 文件夹中，将 TEXTURE 文件夹拖拽至 Assets 资源文件夹中，如图 7-3 所示。

图 7-3　导入飞船模型及贴图

4）导入主要场景 SolarSystem 预制体。从模型中有关场景的资源文件中选择"Assets→model→SolarSystem"预制体，直接将其拖拽至 Hierarchy 视图中，如图 7-4 所示。

注意：如果拖拽至 Scene 视图中，会出现位置的随机化，而不是初始位置。

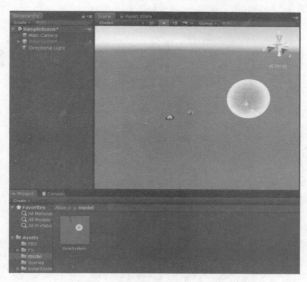

图 7-4　导入 SolarSystem 预制体

5）创建天空。

第一，将贴图材质 SPACE005SX 的默认属性 2D 修改为 Cube，然后单击"Apply"按钮，如图 7-5 所示。

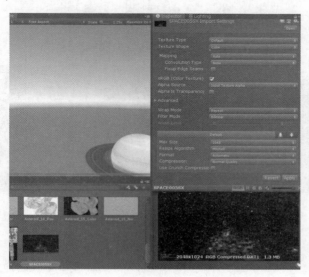

图 7-5　修改 SPACE005SX 贴图材质属性

第二，创建天空材质。首先，在 Assets 资源文件夹中创建一个名为"Material"的文件夹，用于存放材质文件；其次，在"Material"文件夹中创建一个名为"sky"的材质，并设置该材质的 Shader 为 Cubemap；最后，选择 Cubemap 为"SPACE005SX"贴图。具体操作如图 7-6（a）、（b）所示。

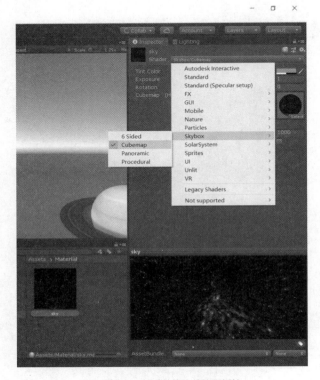

（a）创建 sky 材质并修改其纹理属性

（b）选择 sky 纹理贴图

图 7-6　创建天空材质

第三，应用天空材质。选择 Lighting 面板，在 Lighting 面板选择天空材质（Skybox Material），应用名为"Sky"的材质，具体操作如图 7-7 所示，效果如图 7-8 所示。

图 7-7　应用 sky 材质

图 7-8　应用 sky 材质效果

6）导入场景细节预制体，增加游戏的真实体验。找到 Assets 中的 FX 文件夹中的预制体文件夹 Prefab，在 Prefab 文件夹中找到"xingxing"预制体，直接将其拖拽至 Hierarchy 视图中，调整"xingxing"预制体的位置及方向，效果如图 7-9 所示。

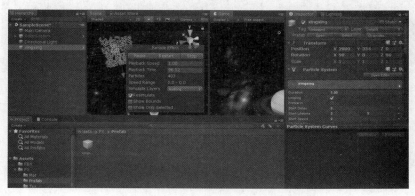

图 7-9　应用"xingxing"预制体效果

为了更加真实地模拟太空环境，可以多添加几个 xingxing 预制体，其具体操作可以根据环境需要来设置。

7）导入主要场景——飞船预制体。从模型中有关于场景的资源文件中选择"Assets→model→T50"预制体，直接将其拖拽至 Hierarchy 视图中，如图 7-10 所示。

注意：如果拖拽至 Scene 视图中，会出现位置的随机化，而不是初始位置。

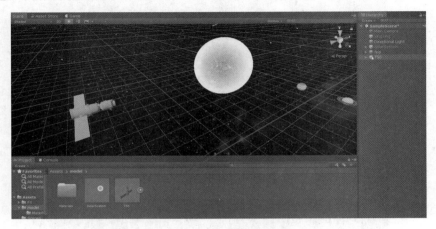

图 7-10　导入飞船预制体

8）调整飞船的视角，使飞船出现在 Game 视图中的合适位置，如图 7-11 所示。

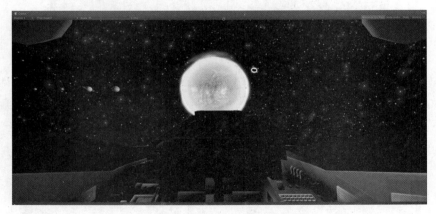

图 7-11　飞船初始视角

至此，场景搭建完成。

❉任务总结

本任务主要学习了不同资源的导入方法、场景资源的搭建方法、材质的创建方法，以及材质纹理的应用、天空材质的应用等。

自我评价

请同学们将表 7-1 的内容补充完整，并讨论交流学习过程。

表 7-1 自我评价表

知识与技能点	你的理解	掌握程度
资源的导入方法		
材质的创建方法		
材质纹理的应用		

任务二　VR 交互控件设计

任务情境

飞船在太空中穿梭，面前忽然出现一颗未知的星球，我们如何了解这颗神秘的星球呢？

VR 交互控件设计

任务目标

在本项目任务一的基础上完成 VR 手柄的绑定，实现遨游太空时通过操控 VR 手柄查看太空中对象的内容，实现人的视野在飞船里面并可以运用手柄上下左右地移动使飞船前进、后退等。同时，本任务还要完成飞船模型的搭建。

任务分析

根据小组研究讨论，本任务首先需要导入 VR 插件，绑定 VR 手柄；其次需要设置触控板的触发方法；最后需要制作飞船的模型，实现人的视野在飞船内。

知识准备

1. SteamVR 插件的主要功能

SteamVR 是 Valve 官方向开发者提供的软件开发工具包（Software Derelopmeny Kit，SDK）。SteamVR 支持很多 VR 设备，包括 HTC Vive、Daydream 等。

2. SteamVR 插件的获取方法

SteamVR 插件既可以从 Steam 平台下载，也可以进入 Unity 的在线资源商店，在商店页面的搜索框中搜索"SteamVR"，找到如图 7-12 所示插件，单击下载，然后进行导入。导入以后，会出现两个文件夹，主要用到的是 SteamVR 文件夹里的内容。里面有一些写好的场景、脚本、预制体、材质等。

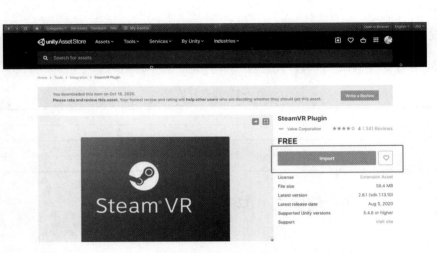

图 7-12　搜索并下载 SteamVR 插件

3. VR 摄像机

VR 摄像机的主要功能是将 Unity 摄像机的画面进行变化，形成 Vive 中的成像画面，其使用方法如下：

1）在 Hierarchy 视图中选择 Camera 对象，在 Inspector 视图中单击"Add Component"按钮，添加 Scripts，如图 7-13 所示。在弹出的列表中选择 SteamVR_Camera 脚本，如图 7-14 所示。

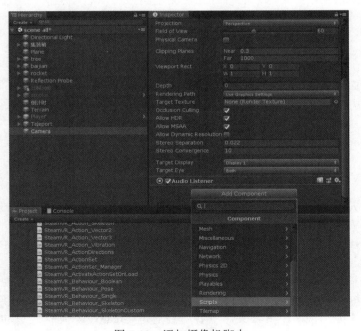

图 7-13　添加摄像机脚本

图 7-14 选择 SteamVR_Camera 脚本

2）添加脚本完成后，在 Inspector 视图中会显示 Steam VR 的画面，单击图 7-15 中的"Expand"（增加）按钮。

图 7-15 显示 Steam VR 画面

完成以上操作后，原本的摄像机会变成如图 7-16 所示结构。

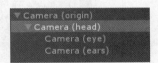

图 7-16 摄像机结构

注：origin：位置；head：头部；eye：眼睛；ears：耳朵。

至此，游戏 Vive 中可以看到游戏画面，也可 360°旋转查看游戏世界、在游戏世界中移动等。

※任务实施

1）导入资源。打开本项目的项目文件"Space travel"，在 Assets 中右击，从弹出的快捷菜单中选择"Import Package→Custom Package"选项，导入"项目七\素材\资源包"中的"SteamVR.unitypackage"，此时会在 Assets 中显示 SteamVR、SteamVR_Input、SteamVR_Resources 等文件夹资源，如图 7-17 所示。

图 7-17　导入资源

2）绑定 VR 手柄。在菜单栏中选择"Window→StearmVR Input"选项，会弹出手柄绑定窗口，在弹出的窗口中设置好绑定手柄的方法名称，如图 7-18（a）、（b）所示。需要注意的是 Type（类型）要用到圆盘来操作，圆盘可分为 X 轴、Y 轴，分别对应（0,0）至（1,1）。

（a）选择 StearmVR Input 选项

（b）手柄绑定窗口

图 7-18　绑定 VR 手柄

3）添加触控板。单击图 7-18（b）中的 Open bing UI 按钮后，会弹出 VR 控制器按键设置面板，如图 7-19 所示。在弹出的"控制器按键设置"面板中选择"编辑"，将弹出设置触发方法的窗口，如图 7-20 所示。

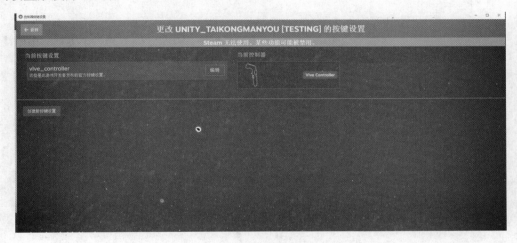

图 7-19 控制器按键设置面板

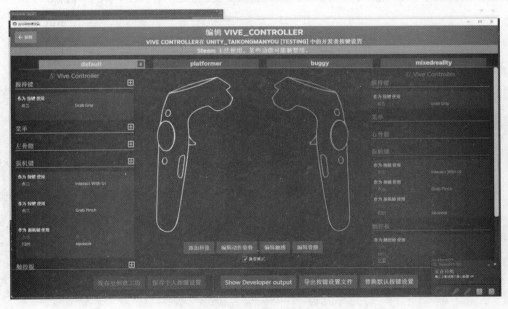

图 7-20 设置触发方法的窗口

4）设置手柄的触发方法。先设置左扳机键（Vive Controller），选择左扳机键，注意在镜像模式处打钩，如图 7-21 所示。

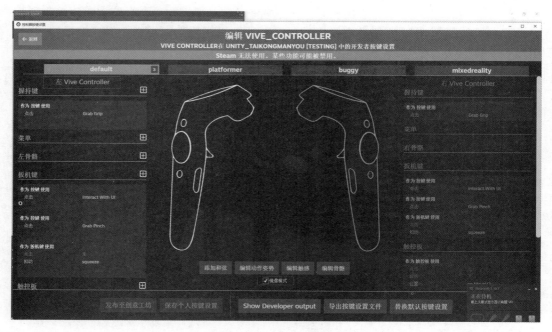

图 7-21　选择左扳机键

5）设置左扳机键触控板的触控方法，将不需要的触控方法删除，如图 7-22 所示。

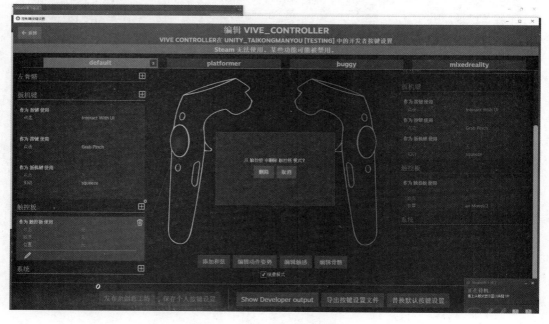

图 7-22　删除不需要的触控方法

6）选择"触控板"右边的"+"号，在弹出的列表中选择"触控板"，如图 7-23 所示。

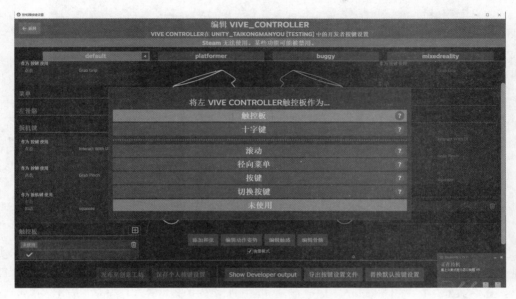

图 7-23　"触控板"的触控方法

7）选择"触控板"的位置为前面创建的"MoveV2"触控方法，如图 7-24 所示，设置完成后效果如图 7-25 所示。

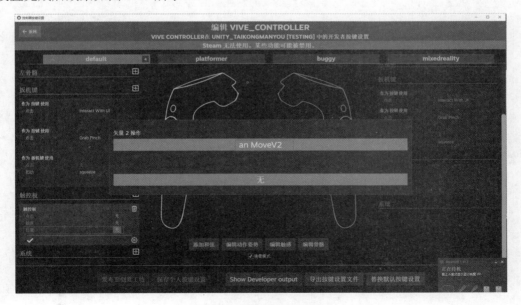

图 7-24　设置触控板位置

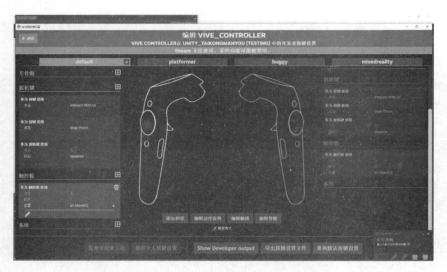

图 7-25　设置"触控板"后的效果

8）打开并复制 Player 组件。首先找到飞船 T50 并将其调整到合适的大小（为了实现人的视野在飞船内，先把 VR 的 Player 复制过来）；然后到 Project 视图的文件路径"Assets→SteamVR→InteractionSystem→Samples"下找到场景文件"Interactions_Example"，并打开该场景文件；最后在层级视图中找到 Player 组件，并将 Player 组件复制，以实现VR 功能，如图 7-26 所示。

图 7-26　打开并复制 Player 组件

9）返回"Space travel"场景，在 Hierarchy 视图粘贴 Player 组件，同时创建一个空对象作为飞船的父对象，操作如图 7-27 所示。

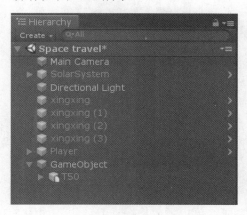

图 7-27　创建空对象作为飞船的父对象

10）为了实现人的视野在飞船内，调整 Player 及空对象的位置，让 Player 作为飞船的父对象，如图 7-28 所示。

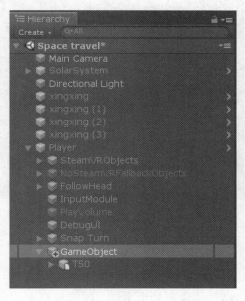

图 7-28　调整飞船与 Player 父对象的位置

11）为了方便调整飞船的方向及位置，创建一个空对象作为 Player 的父对象，并将其命名为"feiji"，如图 7-29 所示。拖动"feiji"对象调整相机的朝向，使飞船朝着前方（调整"feiji"可以实现整体移动旋转）。

图 7-29 创建空对象 "feiji"

12）飞船模型制作完成，单击播放按钮观看效果，如图 7-30 所示。

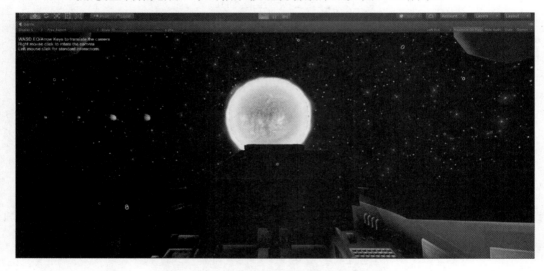

图 7-30 人的视野在飞船内效果

※任务总结

本任务主要学习了手柄的绑定和触发方法、飞船模型制作方法，以及实现人的视野在飞船内效果的制作方法。

※自我评价

请同学们将表 7-2 的内容补充完整，并讨论交流学习过程。

表 7-2　自我评价表

知识与技能点	你的理解	掌握程度
手柄的绑定方法		
手柄的触发方法		
实现人的视野在飞船内效果的制作方法		

任务三　漫游功能的实现

❋任务情境

　　飞船在太空中漫游，游走于各天体之间，通过变换角度和位置去观察这些美丽的星球，在设计中是如何实现太空漫游的呢？

漫游功能的实现

❋任务目标

　　Unity 软件的用户图形界面是认识和使用该软件的基础，Unity 软件具有强大的 UI 系统——Unity UI 软件包（也称为 UGUI）。与传统的 GUI 相比，UGUI 不仅具有灵活、界面美观、支持个性化定制等特点，而且支持多语言本地化。本任务是在本项目任务二完成的基础上进行的 UI 制作，以通过 UI 显示实现漫游功能。任务二已完成 VR 交互功能设计，本任务需要通过完成三维 UI 的制作和编写脚本来实现太空漫游功能，通过手柄的按钮去发射火箭，并在火箭发射的过程触发声音系统、粒子系统等。

❋任务分析

　　UI 是显示在头盔里面的，而且可以旋转、倾斜。本任务首先需要制作太阳系中各天体的 UI 内容（主要是介绍对应天体），其次是创建脚本并编写脚本实现太阳系中各天体的显示与隐藏，最后要编写脚本实现坐在太空飞船内遨游太空的目标。

❋知识准备

　　Unity 提供了三个 UI 系统，设计人员可以使用它们为 Unity 编辑器和在 Unity 编辑器中创建的应用程序创建用户界面。

　　1. UI 工具包

　　UI 工具包是 Unity 中最新的 UI 系统。它基于标准 Web 技术，旨在优化跨平台的性能。设计人员可以使用 UI 工具包为 Unity 编辑器创建扩展内容，并为游戏和应用程序创建运行时 UI（如果用户安装了 UI 工具软件包）。UI 工具包包括以下资源。

1）一个保留模式的 UI 系统，包含创建用户界面所需的核心特性和功能。

2）UI 资源类型，受标准 Web 格式（如 HTML、XML 和 CSS）启发，可以使用它们来实现 UI 内容和风格的构建。

3）工具和资源，用于学习、使用 UI 工具包创建和调试界面。

Unity 打算让 UI 工具包成为新 UI 开发项目的推荐 UI 系统，但它仍然缺少 Unity UI 软件包和 IMGUI 工具包中的一些功能。

2. Unity UI 软件包

Unity UI 软件包是一个较旧的、基于游戏对象的 UI 系统，可以使用它为游戏和应用程序开发运行时 UI。Unity UI 支持高级渲染和文本功能，可使用该组件和 Game 视图来排列和定位用户界面并设置其样式。

3. IMGUI

IMGUI，即立即模式图形用户界面，是一个代码驱动的 UI 工具包，它使用 OnGUI 函数及实现它的脚本来绘制和管理用户界面。推荐使用 IMGUI 来创建脚本组件的自定义 Inspector、Unity 编辑器的扩展以及游戏内调试显示，不推荐用于构建运行时 UI。

✕ 任务实施

1）由于整个场景里面只能用一个 VR 相机组件，需要把默认的第一个相机关掉，因此打开本项目的项目文件"Space travel"后，把 Main Camera 左侧的勾选去掉，如图 7-31 所示。

图 7-31　关掉默认的摄像机

2）制作各天体的图片 UI。在 Project 视图中找到 Assets，在其路径下创建一个名为 UI 的文件夹，用来存放各天体的 UI，如图 7-32 所示。导入"虚拟现实（VR）制作与应用→资源文件→项目七　素材→各天体图片"下各天体的图片到 UI 文件夹中，如图 7-33 所示。

3）返回 Project 视图，在 UI 文件夹中选中 Earth（地球）图片，在 Inspector 视图中将图片的 Texture Type 属性设置为 Sprite（2D and UI），Sprite Mode 属性设置为 Single，如图 7-34 所示。

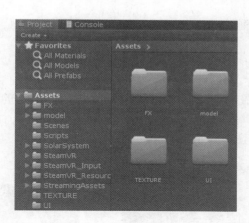

图 7-32　创建 UI 文件夹

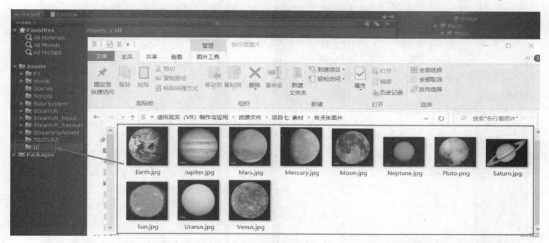

图 7-33　导入各天体图片

图 7-34　修改图片的纹理属性

4）图片纹理属性修改完成后单击"Apply"按钮，应用修改参数。

5）重复步骤3）和步骤4），分别修改海王星、火星、金星、冥王星、木星、水星、太阳、天王星、土星及月球的图片属性。

6）因为UI是显示在头盔里面的，而且是可以旋转、倾斜的，所以先在飞船模型中找到VRCamera相机组件，在该组件里创建画布，如图7-35所示，并将画布命名为"Earth"，然后将画布的模式改为World Space，如图7-36所示。

注意：UI不能做得太满，因为眼镜里面看不清边界。

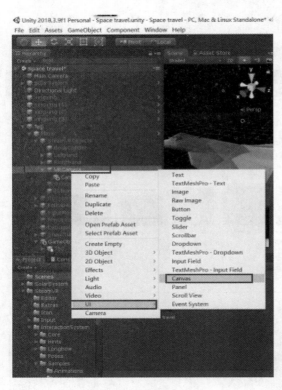

图7-35　创建画布

图7-36　修改画布模式

7）为方便UI显示地球的介绍，首先在"Earth"画布下创建一个新的画布来作为第一个"Earth"画布的子对象，并将其命名为"Earth"；然后在子对象"Earth"画布下创建一个Text组件，用来显示地球的介绍，如图7-37所示；最后在Inspector视图中设置并编辑Text显示文本，如图7-38所示。

8）用手柄指着地球扣动扳机时显示地球的图片。在子对象"Earth"画布下创建一个Image组件，在介绍地球内容的同时显示地球的图片，具体操作如图7-39所示。

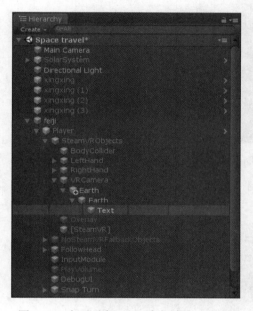

图 7-37　在子对象 Earth 中创建 Text 组件

图 7-38　编辑 Text 显示文本

图 7-39　在子对象 Earth 中创建 Image 组件

9）在 Inspector 视图中设置 Image 显示图片，如图 7-40 所示。

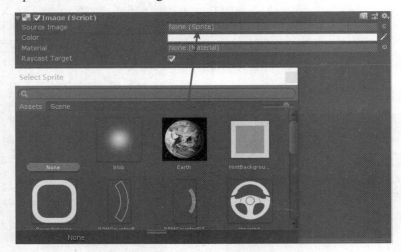

图 7-40　设置 Image 显示图片

10）制作完成后单击播放按钮，效果如图 7-41 所示。

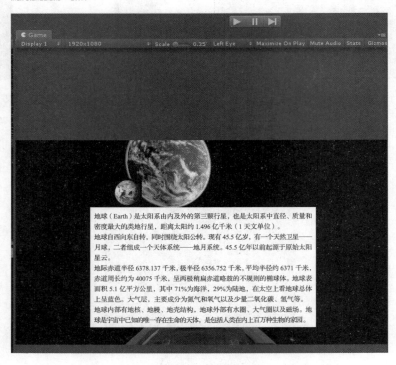

图 7-41　扣动手柄扳机时显示地球介绍效果

11）参考步骤 7）～步骤 10），分别创建海王星、火星、金星、冥王星、木星、水星、太阳、天王星、土星及月球的画布，并制作相应天体的 Text 组件及 Image 组件，用来显示相应天体的图片及介绍内容［各天体介绍的文本及显示图片素材在"虚拟现实（VR）制作与应用→资源文件→项目七 素材→各天体图片"路径中］。

12）编写脚本实现各天体 UI 的隐藏和显示。在 Project 视图下的 Assets 中新建一个名为 Scripts 的文件夹，用来存放脚本文件。在该文件夹中新建脚本文件，并将其命名为 Main。打开并编辑该脚本，具体内容如下。

```
using System.Collections;
using System.Collections.Generic;
using UnityEngine;

public class Main : MonoBehaviour
{
    public static Transform V3;//这个变量是飞船的初始坐标
    // Start is called before the first frame update
    public Transform VRCamera;//这个是 VR 相机的组件
    public Transform feiji;//飞机的坐标，用手柄来控制这个物体的移动就可以控制飞机的移动
    //以下是天体的 UI，用来做隐藏显示
    public GameObject Earth; //显示地球的 UI
    public GameObject Sun; //显示太阳的 UI
    public GameObject Mercury; //显示水星的 UI
    public GameObject Venus; //显示金星的 UI
    public GameObject Moon; //显示月球的 UI
    public GameObject Mars; //显示火星的 UI
    public GameObject Jupiter; //显示木星的 UI
    public GameObject Saturn; //显示土星的 UI
    public GameObject Uranus; //显示天王星的 UI
    public GameObject Neptune; //显示海王星的 UI
    public GameObject Pluto; //显示冥王星的 UI
    private void Awake()
    {
        V3 = this.transform;
    }
    void Start()
    {

    }
```

```
    // Update is called once per frame
    void Update()
    {
        feiji.localPosition = VRCamera.transform.localPosition;//时刻
更新相机坐标同步飞船坐标
    }
}
```

13）将编写好的脚本绑定到"feiji"对象上，如图 7-42 所示，并将对应的组件绑定到脚本组件中。

图 7-42　绑定脚本给"feiji"对象

14）编写脚本，实现飞船的移动。在 Scripts 文件夹中创建一个脚本，并将其命名为 Controller，打开并编写该脚本，以实现飞船的移动控制。脚本的具体内容如下。

```
    using System.Collections;
    using System.Collections.Generic;
    using UnityEngine;
    using Valve.VR;
    using Valve.VR.Extras;
    using Valve.VR.InteractionSystem;
    using Valve.VR.InteractionSystem.Sample;
```

```
public class Controller : MonoBehaviour
{
    public Main main;//定义一个刚才绑定的类，拿来作隐藏显示 UI 用
    public SteamVR_Action_Vector2 remoter = SteamVR_Input.GetAction
<SteamVR_Action_Vector2>("MoveV2");//刚才设置的圆盘触发代码
    public SteamVR_LaserPointer SteamVrLaserPointer;
    public SteamVR_Behaviour_Pose pose;

    // Start is called before the first frame update
    private void Awake()
    {
        SteamVrLaserPointer.PointerClick += SteamVrLaserPointer_
PointerClick;//扣动扳机的触发反馈，会有射线检测是否指着物体，比如指着火箭扣动扳机的话，
就会触发反馈
    }

    void Start()
    {

    }

    private void SteamVrLaserPointer_PointerClick(object sender,
PointerEventArgs e)
    {
        Debug.Log(e.target.gameObject.name);
        if (e.target.gameObject.name == "Mercury")
        {
            main.Mercury.SetActive(true);
        }
        else if (e.target.gameObject.name == "Sun")
        {
            main.Sun.SetActive(true);
        }
        else if (e.target.gameObject.name == "Venus")
        {
            main.Venus.SetActive(true);
        }
        else if (e.target.gameObject.name == "Earth")
```

```
    {
        main.Earth.SetActive(true);
    }

    else if (e.target.gameObject.name == "Moon")
    {
        main.Moon.SetActive(true);
    }
    else if (e.target.gameObject.name == "Mars")
    {
        main.Mars.SetActive(true);
    }
    else if (e.target.gameObject.name == "Jupiter")
    {
        main.Jupiter.SetActive(true);
    }
    else if (e.target.gameObject.name == "Saturn")
    {
        main.Saturn.SetActive(true);
    }
    else if (e.target.gameObject.name == "Uranus")
    {
        main.Uranus.SetActive(true);
    }
    else if (e.target.gameObject.name == "Neptune")
    {
        main.Neptune.SetActive(true);
    }
    else if (e.target.gameObject.name == "Pluto")
    {
        main.Pluto.SetActive(true);
    }
    if(e.target.gameObject.name == "Close")
    {
        main.Mercury.SetActive(false);
        main.Sun.SetActive(false);
        main.Venus.SetActive(false);
        main.Earth.SetActive(false);
        main.Moon.SetActive(false);
```

```
            main.Mars.SetActive(false);
            main.Jupiter.SetActive(false);
            main.Saturn.SetActive(false);
            main.Uranus.SetActive(false);
            main.Neptune.SetActive(false);
            main.Pluto.SetActive(false);
        }


    // Update is called once per frame
    void Update()
    {
        // Debug.Log(remoter.GetAxis(pose.inputSource).y);

        if (this.name == "LeftHand")
        {
            Main.V3.position += Main.V3.forward * remoter.GetAxis
(pose.inputSource).y * 7;
            Main.V3.eulerAngles = new Vector3 (Main.V3.eulerAngles.x,
Main.V3.eulerAngles.y + (remoter.GetAxis(pose.inputSource).x * 0.2f),
Main.V3.eulerAngles.z);
            }
        if (this.name == "RightHand")
        {
            Main.V3.eulerAngles = new Vector3(Main.V3.eulerAngles.x+
(-remoter.GetAxis(pose.inputSource).y*0.9f), Main.V3.eulerAngles.y,
Main.V3.eulerAngles.z);
            }
        // Main.V3.position = new Vector3(Main.V3.position.x,
Main.V3.position.y, Main.V3.position.z);
            Debug.Log("Axis=" + remoter.GetAxis(pose.inputSource) + " ||
Axis Delta=" + remoter.GetAxisDelta(pose.inputSource));
        }
    }
```

15）VR 手柄分开成了左右手，将编写好的 Controller 脚本绑定到左手上，参数设置如图 7-43 所示。

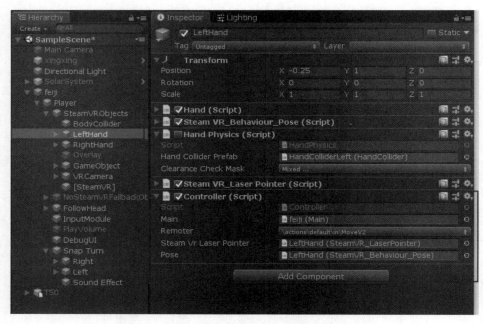

图 7-43　绑定脚本到左手并设置参数

16）将编写好的 Controller 脚本绑定到右手上，参数设置如图 7-44 所示。

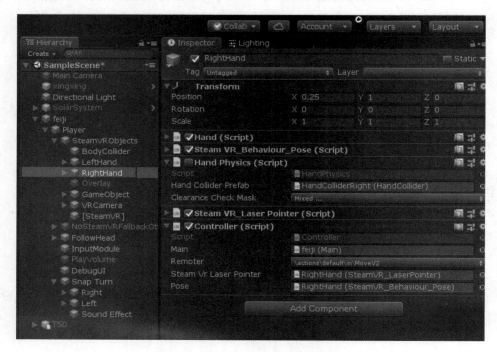

图 7-44　绑定脚本到右手并设置参数

17）单击播放按钮，预览效果，如图 7-45 所示。

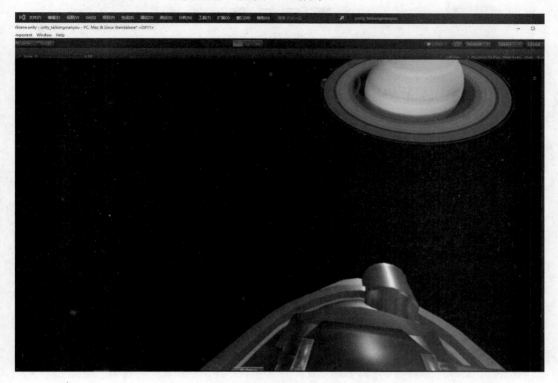

图 7-45　太空遨游效果

任务总结

本任务主要学习了 UI 的分类、UI 的制作、编写脚本实现漫游的方法、UI 显示和隐藏的方法等。

自我评价

请同学们将表 7-3 的内容补充完整，并讨论交流学习过程。

表 7-3　自我评价表

知识与技能点	你的理解	掌握程度
UI 的分类		
UI 的制作		
编写脚本实现漫游的方法		
UI 显示和隐藏的方法		

课 后 习 题

一、选择题

1. 关于 Unity 引擎 UGUI 系统的特点，下列描述正确的是（　　）。
  A．运行效率高，执行效果好　　　　　B．易于使用和方便扩展
  C．不仅快速，而且灵活　　　　　　　D．以上都正确
2. 下列选项中，（　　）控件可以用来显示文本。
  A．Image　　　　　B．Toggle　　　　　C．Text　　　　　D．Sroll View

二、填空题

1. Unity 开发中，软件的 UI 界面主要是由 Unity 引擎中的_____系统完成。
2. _____是 UI 布局中所有 UI 元素呈现的区域。
3. _____可用于移动、缩放和旋转 UI 元素。

三、实战题

使用 UGUI 控件搭建用户注册界面。

参 考 文 献

李婷婷，2018．Unity 3D 虚拟现实游戏开发[M]．北京：清华大学出版社．

李永亮，2020．虚拟现实交互设计：基于 Unity 引擎（微课版）[M]．北京：人民邮电出版社．

刘向群，吴彬，2020．Unity 2017 从入门到精通[M]．北京：人民邮电出版社．

王寒，2020．Unity AR/VR 虚拟现实开发基础[M]．北京：高等教育出版社．

吴亚峰，于复兴，索依娜，2016．Unity 3D 游戏开发标准教程[M]．北京：人民邮电出版社．